国家骨干高职院校项目建设成果

Jiaotong Anquan yu Zhineng Kongzhi Zhuanye ji Zhuanyequn

交通安全与智能控制专业及专业群

Rencai Peiyang Fang'an

人才培养方案

刘　勇　张智雄　张春雨　主　编
邝仲平　主　审

人民交通出版社股份有限公司
China Communications Press Co.,Ltd.

内 容 提 要

《交通安全与智能控制专业及专业群人才培养方案》是江西交通职业技术学院国家骨干高职院校建设项目的专业建设成果之一。交通安全与智能控制专业建设项目是非央财支持的重点专业建设项目。项目实施过程中,坚持“服务需求、就业导向,产教融合、特色办学”的原则,将智能交通职业岗位任职要求融入人才培养方案中,根据不同岗位的能力要求构建了工作与学习结合、融学历教育与认证培训一体化的“四段递进、岗位教学、校企一体、工学并进”人才培养模式。同时,将智能交通工程的行业标准导入专业课程,建立了专业教学标准。全书分为三个部分:第一部分是交通安全与智能控制专业人才培养方案、实施人才培养方案的支撑条件以及主要的课程标准;第二部分是计算机网络技术专业人才培养方案及其专业核心学习领域课程标准;第三部分是城市轨道交通控制专业人才培养方案及其专业核心学习领域课程标准。

本书可以作为高职院校同类专业的教学参考标准,也可以作为其他专业制订人才培养方案和教学标准的参考用书。

图书在版编目(CIP)数据

交通安全与智能控制专业及专业群人才培养方案/刘勇,张智雄,张春雨主编. —北京:人民交通出版社股份有限公司,2015.1

国家骨干高职院校项目建设成果

ISBN 978-7-114-12237-8

Ⅰ.①交… Ⅱ.①刘… ②张… ③张… Ⅲ.①交通运输安全—人才培养—高等职业教育—教学参考资料 Ⅳ.①U491.5

中国版本图书馆 CIP 数据核字(2015)第 101701 号

国家骨干高职院校项目建设成果

书　　名: 交通安全与智能控制专业及专业群人才培养方案
著 作 者: 刘　勇　张智雄　张春雨
责任编辑: 卢仲贤　任雪莲
出版发行: 人民交通出版社股份有限公司
地　　址: (100011)北京市朝阳区安定门外外馆斜街 3 号
网　　址: http://www.ccpress.com.cn
销售电话: (010)59757973
总 经 销: 人民交通出版社股份有限公司发行部
经　　销: 各地新华书店
印　　刷: 北京市密东印刷有限公司
开　　本: 787×1092　1/16
印　　张: 15
字　　数: 360 千
版　　次: 2015 年 1 月　第 1 版
印　　次: 2015 年 1 月　第 1 次印刷
书　　号: ISBN 978-7-114-12237-8
定　　价: 90.00 元

江西交通职业技术学院
专业人才培养方案编审委员会

主　任：朱隆亮　江西交通职业技术学院
副主任：黄晓敏　江西交通职业技术学院
　　　　刘　勇　江西交通职业技术学院
委　员：张春晓　江西交通职业技术学院
　　　　王敏军　江西交通职业技术学院
　　　　刘　华　江西交通职业技术学院
　　　　官海兵　江西交通职业技术学院
　　　　黄　浩　江西交通职业技术学院
　　　　张智雄　江西交通职业技术学院
　　　　黄　侃　江西交通职业技术学院
　　　　江祥林　江西省交通科学研究院
　　　　彭志勇　江西运通汽车技术服务有限公司
　　　　戴豪赣　江西长运大通物流有限公司
　　　　邝仲平　江西方兴科技有限公司
　　　　李俊彬　江西交通职业技术学院
　　　　柳　伟　江西交通职业技术学院

本书编审人员

主　编：刘　勇　江西交通职业技术学院
张智雄　江西交通职业技术学院
张春雨　江西交通职业技术学院
主　审：邝仲平　江西方兴科技有限公司
参　编：刘造新　江西交通职业技术学院
张　飞　江西交通职业技术学院
成海涛　江西交通职业技术学院
许　伟　江西交通职业技术学院
张　铮　江西交通职业技术学院
王小龙　江西交通职业技术学院
武国祥　江西交通职业技术学院
李霞婷　江西交通职业技术学院
叶津凌　江西交通职业技术学院
任剑岚　江西交通职业技术学院
熊慧芳　江西交通职业技术学院
李小伍　江西交通职业技术学院
徐　杰　江西交通职业技术学院
黄小花　江西交通职业技术学院
彭　斌　江西交通职业技术学院
陆文逸　江西交通职业技术学院

序

PREFACE

为配合国家骨干高职院校建设，推进教育教学改革，重构教学内容，改进教学方法，在多年课程改革的基础上，江西交通职业技术学院组织相关专业教师和行业企业技术人员共同编写了“国家骨干高职院校重点建设专业人才培养方案和优质核心课程系列教材”。经过三年的试用与修改，本套丛书在人民交通出版社股份有限公司的支持下正式出版发行。在此，向本套丛书的编审人员、人民交通出版社股份有限公司及提供帮助的企业表示衷心感谢！

人才培养方案和教材是教师教学的重要资源和辅助工具，其优劣对教与学的质量有着重要的影响。好的人才培养方案和教材能够提纲挈领，举一反三，而差的则照搬照抄，不知所云。在当前阶段，人才培养方案和教材仍然是教师以育人为目标，服务学生不可或缺的载体和媒介。

基于上述认识，本套丛书以适应高职教育教学改革需要、体现高职教材“理论够用、突出能力”的特色为出发点和目标，努力从内容到形式上有所突破和创新。在人才培养方案设计时，依据企业岗位的需求，构建了以岗位需求为导向，融教学生产于一体的工学结合人才培养模式；在教学内容取舍上，坚持实用性和针对性相结合的原则，根据高职院校学生到工作岗位所需的职业技能进行选择。并且，从分析典型工作任务入手，由易到难设置学习情境，寓知识、能力、情感培养于学生的学习过程中，力求为教学组织与实施提供一种可以借鉴的模式。

本套丛书共涉及汽车运用技术、道路桥梁工程技术、物流管理和交通安全与智能控制等27个专业的人才培养方案，24门核心课程教材。希望本套丛书能具有学校特色和专业特色，适应行业企业需求、高职学生特点和经济社会发展要求。我们期待它能够成为交通运输行业高素质技术技能人才培养中有力的助推器。

用心用功用情唯求致用，耗时耗力耗资应有所值。如此，方为此套丛书的最大幸事！

江西省交通运输厅总工程师 胡钊芳

2014年12月

目录

CONTENTS

交通安全与智能控制专业人才培养方案

计算机网络技术专业人才培养方案

城市轨道交通控制专业人才培养方案

交通安全与智能控制专业人才培养方案

第一部分　主体部分

一、专业名称（专业代码）

交通安全与智能控制（520105）

二、招生对象

普通高中毕业生或具有同等学力者

三、学制

全日制三年

四、培养目标

本专业针对智能交通系统及相关领域的一线岗位，培养具有良好职业道德和可持续发展能力，具备一定的专业理论知识和较强的实践动手能力，熟练掌握交通机电系统设备的集成、调试、检测、维护、运营，具备智能交通技术的开发、设计、推广、应用等能力的技术技能型专门人才。

五、就业面向

本专业毕业生就业岗位主要是面向生产（管理）一线的交通管理、交通运输管理、高速公路公司、交通工程设计与研究、交通建设等部门，从事公路网络监控、公路费用征收、道路交通管理、道路交通设计以及相关交通智能管理设备的维护等职业岗位人员。

六、培养规格

（一）素质目标

（1）具有强烈的责任意识、质量意识、安全意识及环保意识；
（2）具有良好的文化、身体和心理素质；
（3）具有较好的沟通能力及团队协作精神；
（4）具有勇于创新、敬业乐业的工作作风；
（5）爱岗敬业，团结协作，遵纪守法，热爱劳动。

（二）知识目标

（1）具有本专业所必需的数学计算、英语交流、计算机应用等科学文化基础知识；
（2）熟悉高速公路监控系统、通信系统、收费系统的构成；
（3）掌握交通工程学、交通信号与控制、高速公路运营与管理等专业知识；

(4)了解公路交通安全管理、智能控制技术、综合布线和新设备、新技术的相关信息；

(5)系统掌握监控系统、通信系统、收费系统、供配电与照明系统、隧道机电工程的基本理论和基础知识；

(6)具有道路交通管理与控制、高速公路运营基本知识。

(三)能力目标

(1)具有一定的分析问题和解决问题的能力；
(2)具有一定的协调组织能力；
(3)具有获取新知识和技能、总结与应用实践经验的能力；
(4)具有阅读一般性英语技术资料和简单口头交流能力；
(5)具有使用计算机办公和识别、绘制工程图纸的能力；
(6)具有机电设备选购、安装及维护能力；
(7)具有网络设备安装、调试及排除网络故障能力；
(8)具有交通信息智能化方案设计、施工、维修及现场管理能力。

七、教学环节进程安排表

(一)培养时间分配表

在人才培养的实施过程中,教学环节培养时间分配如表1-1所示。

交通安全与智能控制专业培养时间分配表 表1-1

学年		一		二		三		合计
学期		一	二	三	四	五	六	
1	入学教育	1周						1周
2	国防教育	2周						2周
3	课内教学	16周	17周	17周	17周(每天上午4课时)	14周		75.3周
4	实践教学		2周	2周	2周	1周		7周
5	生产实习				17周(每天下午2课时)	4周	19周	28.7周
累计		19周	19周	19周	19周	19周	19周	114周

注:1. 课内教学指按课程(学习领域)组织的各种教学活动,包括理论课程、理实一体化课程等。

2. 实践教学是指计划单列的非生产性实践教学活动,包括专业认识实践、专项单列实训、课程设计、综合设计、社会实践等。

3. 生产实习是指生产性教学实习活动,包括工学交替生产实习、生产劳动实习、毕业顶岗实习。

4. 第四学期实行半工半读,每天上午上课,下午生产实习。

(二)教学进程表

本专业的教学进程如表1-2所示。

交通安全与智能控制专业教学进程表

表 1-2

序号	类别	课程名称	教学时数与学分				考核方式		课内教学时数及实践周数					
			总学分	学分	理论学时	实践学时	考试学期	考查学期	第一学年		第二学年		第三学年	
									一	二	三	四	五	六
									16 周	17 周	17 周	17 周	14 周	0 周
1	公共基础课程	“两课”基础	64	4	64			1	4					
2		“两课”概论	68	4	68			2		4				
3		体育	66	4	66			1、2	2	2				
4		计算机应用基础	96	5	44	52	1		6					
5		高等数学	64	4	64			1	4					
6		大学英语	132	6	132		1		4	4				
8		任选课 1	34	2	34			3			2			
9		任选课 2	34	3	34			4				2		
10		就业指导	14	1	14			5					1	
公共基础课程小计			572	33	520	52	课内占比		31.58%					
1	专业基础学习领域	电工电子技术	64	4	52	12	1		4					
2		Windows 服务器维护与管理	68	4	32	36	2			4				
3		计算机网络与通信	68	4	34	34	2			4				
4		数据结构	85	5	51	34	2			5				
5		数据库系统管理(SQL)	68	4	34	34	2				4			
6		电气制图与 CAD	68	4	34	34	3				4			
专业基础学习领域小计			421	25	237	184	课内占比		23.25%					
1	专业核心学习领域	高速公路供配电与照明系统设计与应用	68	4	36	32		3			4			
2		高速公路监控系统集成	68	4	42	26	4					4		
3		高速公路隧道机电系统集成	84	5	50	34	5						6	
4		高速公路联网收费系统应用与维护	84	5	58	26	5						6	
5		GPS 原理与应用	68	4	34	34	4					4		
专业核心学习领域小计			372	22	220	152	课内占比		20.54%					
1	专业拓展学习领域	交通信号与控制	68	4	34	34	3				4			
2		专业英语	34	2	34			4				2		
3		综合布线	68	6	34	34	4					4		
4		交通工程学	56	3	17	39	5						4	
5		智能控制技术	84	5	58	26		5					6	
6		高速公路运营管理	68	4	34	34		3			4			
7		公路交通安全管理	68	4	68			4				4		
专业拓展学习领域小计			446	28	279	167	课内占比		24.63%					
课内教学环节合计			1811	108	1256	555	总百分比		60.96%					

续上表

序号	类别	课程名称	教学时数与学分				考核方式		课内教学时数及实践周数					
									第一学年		第二学年		第三学年	
			总学分	学分	理论学时	实践学时	考试学期	考查学期	一	二	三	四	五	六
									16 周	17 周	17 周	17 周	14 周	0 周
1	独立实践环节	入学教育	1 周	1		30		1	1 周					
2		国防教育	2 周	2		60		1	2 周					
3		Windows 服务器维护与管理实训	1 周	2		30		2		1 周				
4		计算机网络与通信实训	1 周	2		30		2		1 周				
5		SQL 数据库系统管理实训	1 周	2		30		3			1 周			
6		电气制图与 CAD 实训	1 周	2		30		3			1 周			
7		综合布线实训	1 周	2		30		4				1 周		
8		高速公路监控系统集成实训	1 周	2		30		4				1 周		
9		高速公路联网收费系统应用与维护实训	1 周	2		30		5					1 周	
10		轮岗生产实习(每天下午,共 17 周)	17 周	6		170		4				17 周		
11		定岗生产实习	4 周	4		120		5					4 周	
12		毕业顶岗实习	19 周	10		570		6						19 周
独立实践环节合计			1160	37		1160	总百分比		67.64%					
学时(学分总计)			2971	145	1256	1715	周时数		24	23	22	20	23	0
周数总计									19	19	19	19	19	19
理论教学时数			1256				总百分比		42.28%					
实践教学时数			1715				总百分比		57.72%					

(三)课程设置及学时比例

在人才培养的实施过程中,各教学环节学时比例如表 1-3 所示。

交通安全与智能控制专业课程设置及学时比例表 表 1-3

项　　目	理论教学	实践教学			
		课内实训	专项实训	生产实习	合计
学　　时	1256	555	300	860	1715
所占比例	42.28%	57.72%			

注:1. 理论教学学时不包含课内的实训环节教学,课内实训是指在课程教学内完成的、非计划单列实践教学。

2. 专项实训是指计划单列的非生产性实践教学,包括专业认识实践、专项单列实训、课程设计、综合设计、社会实践等。

3. 生产实习包含轮岗生产实习、定岗生产实习、毕业顶岗实习。

八、毕业标准

（一）基本要求

（1）德、智、体、美等方面均通过学生管理部门考核达标；

（2）按规定完成课程（学习领域）的学习，成绩合格；

（3）完成各项独立实践环节（单列科目，如实践课、课程设计、实习、毕业实践、毕业设计等）的学习，成绩合格。

（二）考证要求

（1）必须取得全国计算机等级证（一级及以上）和英语应用能力证书（三级 B）；

（2）获得至少一个本专业职业资格证书方可毕业。本专业职业资格证书如表 1-4 所示。

交通安全与智能控制专业职业资格证书表　　表 1-4

序号	考 核 项 目	考核发证部门	等级要求
1	监控系统集成师	工业和信息化部	初级
2	信息处理技术员	工业和信息化部	初级
3	网络管理员	工业和信息化部	初级
4	系统集成项目管理工程师	工业和信息化部	中级
5	网络工程师	工业和信息化部	中级
6	信息技术支持工程师	工业和信息化部	中级

（三）其他要求

（1）完成任选课的学习，并取得 5 学分；

（2）转专业的学生，应取得最后毕业注册专业的全部专业核心学习领域的学分，并且取得 140 以上的总学分。

九、其他说明

本专业人才培养方案是依托信息工程系校企合作工作委员会，与江西赣粤高速公路股份有限公司、江西方兴科技有限公司、江西省交通工程集团公司、江西贝尔科技产业有限公司、南昌贝通科技发展有限公司、江西省高速公路联网收费结算中心、江西路通科技有限公司等企业共同制订，其实施过程中，应该加强与相关企业合作，将有关行业标准和企业规范导入专业课程中，与企业共同实施工学并进的人才培养模式，积极探索现代学徒制育人模式，共同建设生产型实习基地，共同管理顶岗实习，共同评价教学过程，全面实现人才培养方案的育人目标。

（执笔人：张春雨）

第二部分　支撑材料

一、专业人才培养实施条件

（一）专业教学团队

1. 师资数量与结构

（1）教师队伍数量应与学生规模相适应，师生比应控制在1∶16左右。

（2）教师队伍结构优化，梯队合理，45岁以下青年教师中研究生学历或硕士以上学位比例达到30%，专任教师中高级职称的比例大于或等于30%，专任教师中具备双师素质教师的比例应达到80%以上。

（3）每个学习领域（课程）的教师应不少于2人，其中专业核心学习领域应配备相关专业中级技术职称以上的双师素质教师2人。

（4）各专业学习领域及独立实践环节，均应配备行业企业工程技术人员担任兼职教师，兼职教师折算比例应达到50%左右。

（5）专业实习（训）指导教师均应具有大专以上学历或中级以上职称。实习（训）指导教师具有中高级职称的应大于或等于20%。

2. 业务水平

教师应具备良好的职业道德和一定的教学科研能力，达到高等教育教师任职资格的要求且具备高等教育教师任职资格。其中主讲教师应由具备讲师以上职称的专任教师或工程师以上职称的兼职教师担任，参加科学研究或技术服务的专任教师人数不少于专任教师总数的30%。

（二）专业教学资源

1. 选用优秀的高职高专规划教材

在选择教材时，应整体研究制定教材选用标准和选用程序，确保具有时代性、应用性、先进性和普适性的优秀教材优先被选用。同时，要注意选用具有鲜明行业特征的高职高专规划教材、特色教材和精品教材。

2. 开发基于工作过程的校本教材

与合作企业共同开发基于工作过程的校本教材，将相关的企业标准、行业规范等导入教材之中，编写中要突破学科体系的构架，将职业教育的教学过程与工作过程相融合，将专业理论知识和技能向企业工作过程知识转变，以典型工作任务作为工作过程知识的载体，并按职业能力构建教材的知识、技能体系，使之成为理实一体化教学的适用教材。专业核心学习领域教材一般要求为特色鲜明的校本教材，或国家和地区职业教育优质教材。可供选用教材如表1-5所示。

交通安全与智能控制专业建议选用教材一览表　　表 1-5

序号	教材名称	出版社	主　编	出版时间
1	电工与电子技术	北京师范大学	刘陆平	2011 年
2	Windows 服务器维护与管理	北京大学出版社	鞠光明、刘勇	2012 年
3	计算机网络与通信(第 3 版)	电子工业出版社	廉飞宇	2009 年
4	SQL Server2005 数据库管理	清华大学出版社	刘勇、刘造新	2011 年
5	高速公路供配电照明系统理论及应用	电子工业出版社	张洋	2012 年
6	高速公路监控系统集成	人民交通出版社	曾耀辉、李冬陵	2010 年
7	高速公路隧道机电系统集成	人民交通出版社股份有限公司	叶津凌、张智雄	2015 年
8	高速公路联网收费系统应用与维护	人民交通出版社股份有限公司	张春雨、李小伍	2015 年
9	交通管理与控制(第 4 版)	人民交通出版社	吴兵	2009 年
10	综合布线	人民交通出版社股份有限公司	张飞、张铮	2015 年
11	交通工程学	北京大学出版社	李杰	2010 年
12	智能控制技术	北京工业大学出版社	易继锴、侯媛彬	2012 年
13	高速公路运营管理	机械工业出版社	刘万里	2012 年
14	道路交通安全管理法规概论及案例分析	人民交通出版社	裴玉龙，马艳丽	2006 年

3. 选用精品资源共享课程

充分利用现有国家和地方的精品资源共享课程开展教学，加强网络学习平台建设，通过慕课、个人空间、网络课程等网络技术构建日常教学课程网站，整合各种优质教学资源进行专业教学。可供适用的精品资源共享课程如表 1-6 所示。

交通安全与智能控制专业可供选用的精品资源共享课程一览表　　表 1-6

序号	课程名称	建设状态	负责人	通过时间
1	高速公路监控系统集成	交通行指委精品课程	张智雄	2009 年
2	高速公路通信系统集成	江西省精品资源共享课	黄侃	2012 年
3	高速公路隧道机电系统集成	江西省精品资源共享课	张智雄	2014 年
4	综合布线	江西交通职业技术学院精品课程	张飞	2011 年
5	高速公路联网收费系统应用与维护	江西交通职业技术学院精品课程	张春雨	2013 年
6	高速公路联网收费系统应用与维护	江西交通职业技术学院精品资源共享课程	丁荔芳	2014 年
7	高速公路机电系统运行与维护	新疆维吾尔自治区精品资源共享课程	合尼古丽	2013 年
8	道路交通控制技术	广东省精品资源共享课程	林晓辉	2014 年

4. 专业网络教学资源

以数字化校园为运行载体，以学习领域(课程)为组织形式，利用网络学习平台建设共享性网络教学资源库，主要包括试题库、课件库、专业教学素材库、教学视频库等。网络教学资源库的建议配置如表 1-7 所示。

交通安全与智能控制专业网络教学资源库的建议配置 表 1-7

<table>
<tr><th>类别</th><th>资　源</th><th>主要内容与要求</th><th>备注</th></tr>
<tr><td rowspan="4">专业基本资源</td><td>专业简介</td><td>专业代码、招生对象、学制、就业面向、专业特点、主要课程等</td><td rowspan="4">专业介绍</td></tr>
<tr><td>人才培养方案</td><td>主要包括培养目标、专业面向的职业岗位分析、专业定位、课程体系、核心课程描述、教学进程、毕业标准、实施条件、实施规范、实施流程、实施保障等</td></tr>
<tr><td>课程标准</td><td>专业核心课程的课程标准</td></tr>
<tr><td>教学文件</td><td>教学管理相关文件</td></tr>
<tr><td rowspan="8">课程教学资源</td><td>教学指南</td><td>本课程的作用、目标和要求，本课程与职业岗位的关系，本课程与其他课程的关系，本课程的主要特点、课程结构、课程内容、课时分配、课程的重点与难点、实践教学体系、课程教学方法、课程教学资源、课程考核、课程授课方案设计、课程建设与工学结合效果评价等</td><td rowspan="8">专业基本配置</td></tr>
<tr><td>教学设计</td><td>主要包括学时安排、学习任务设计、学习内容确定、教学目标设定、教学重点与难点分析及处理、任务工单提供、教学方法建议、教学手段选用、教学设施和教学场地安排、教学实施要求、课程考核方法，以及课后总结等</td></tr>
<tr><td>多媒体课件</td><td>优质核心课程课件</td></tr>
<tr><td>教学视频库</td><td>课程设计视频、课堂教学视频、实训操作演示视频等</td></tr>
<tr><td>案例库</td><td>以一个完整的企业项目为案例单元，通过观看、阅读、学习、分析案例，实现知识内容的传授、知识技能的综合应用展示、知识迁移、技能掌握等</td></tr>
<tr><td>FLASH 资源</td><td>教学难点的动漫演示</td></tr>
<tr><td>实训项目</td><td>实训目标、实训设备、实训要求、实训内容与步骤、实训项目考核和评价标准、实训报告或总结、技术手册、操作规程与安全注意事项</td></tr>
<tr><td>学生作品</td><td>学生学习成果、实训作品和生产产品</td></tr>
<tr><td rowspan="5">自主学习资源</td><td>学习指南</td><td>课程学习目标与要求，重点、难点提示及释疑，学习方法，典型任务解析，自我测试题及答案，参考资料和网站</td><td rowspan="5">专业特色配置</td></tr>
<tr><td>测试题库</td><td>知识和技能测试</td></tr>
<tr><td>视频库</td><td>学习任务实施操作视频资料</td></tr>
<tr><td>网络课程</td><td>通过清华在线等软件，构建基于互联网技术的自主学习平台</td></tr>
<tr><td>课程链接</td><td>与本专业相关的网站</td></tr>
<tr><td rowspan="8">拓展学习资源</td><td>生产性实习基地网络管理平台</td><td>校园监控系统网络管理平台、校园 ETC 入口网络管理平台等</td><td rowspan="8">专业拓展选配</td></tr>
<tr><td>拓展视频资源</td><td>其内容可以在教学标准的基础上适当拓展</td></tr>
<tr><td>文献库</td><td>与本课程或本专业相关的行业标准、企业规范、专利资料、法律法规、技术资料、成功案例等</td></tr>
<tr><td>仪器设备操作手册</td><td>常用仪器设备的操作手册</td></tr>
<tr><td>仿真教学</td><td>按教学内容列出仿真软件，并提供应用入口</td></tr>
<tr><td>课程 BBS</td><td>建立由专人管理的网上论坛</td></tr>
<tr><td>网上答疑</td><td>按主讲教师开设答疑室</td></tr>
<tr><td>其他资源</td><td>素质教育模块、课外活动园地</td></tr>
</table>

5. 其他教学资源

学院图书馆或资料室应当配置数量适当、结构合理、技术新颖的本专业纸质和电子图书，为专业学习、教学、科研和社会服务提供良好的信息服务；学院配置的电子图书应具有良好服务功能，能为专业教学资源库建设提供大数据服务。

（三）实验实训条件

1. 校内实训条件

根据交通安全与智能控制专业人才培养目标和教学要求，在校内由专任教师与企业行业兼职教师共同设计和建设具备理实一体化教学和生产性实训功能的校内实训基地。加强教学功能设计，突出企业氛围，使学生在实训期间能够学习到专业知识，感受企业文化氛围，遵守企业操作规范。在建设过程中，由学校和企业共同提供实训项目、管理规范、设备、场地、人员和“校中厂”，保障生产性实训教学的有效实施，为校内实训和顶岗实习提供保障。在校企共建过程中，保障技术及设备的更新，紧跟技术的发展步伐。

根据交通安全与智能控制专业人才培养的需要，校内实训条件配置建议如表1-8所示。

校内实验实训条件配置建议表 表1-8

序号	名　称	主要设备	主要功能	对应课程	容纳人数
1	高速公路收费系统实训室	车道控制机、车道控制器、收费模拟车道、IC卡读写器、摄像机、电动栏杆、收费显示语音报价一体机、ETC天线、服务器、出入口收费管理控制系统和收费软件等	主要承担收费系统实训室安装、调试和验收报告，收费员收费实务操作项目和系统联网通信实训项目	高速公路联网收费系统应用与维护、高速公路通信系统集成	50人
2	高速公路监控系统实训室	工业级监视器、LED显示屏、监控中心控制台、交通监控设备操作台、彩色高速球机、视频矩阵、硬盘录像机和视频监控工作站等	主要承担视频监控子系统实训项目、监控系统集成实训项目、设备操作与维护实训项目和系统联网通信实训项目	高速公路监控系统集成、高速公路供配电与照明系统设计与应用、高速公路运营管理	50人
3	交通安全与车联网控制实训室	城市道路沙盘、车联网实验平台、多传感器交通流检测实验平台等	主要承担交通设施安全、交通设施设计和交通调查功能实训项目	交通工程学、高速公路运营管理、交通信号与控制、公路交通安全管理	50人
4	综合布线实训室	带显示系统的网络配线实训装置、全钢结构的网络综合布线实训装置、综合布线器材展示柜、配套工具箱、线管存放架、不锈钢操作台	主要承担综合布线、线缆连接、通信系统集成的实训项目	综合布线、高速公路监控系统集成	50人
5	智能仿真实训机房	智能仿真软件MATLAB 7.0、计算机、服务器、数据库管理软件、程序设计语言、Windows网络操作系统、CAD制图软件	主要承担智能仿真实训，同时兼作计算机基础应用、数据库管理、服务器配置、工程制图的实训项目	交通工程学、智能控制技术、计算机应用基础、数据系统管理、Windows服务器维护与管理、电气制图与CAD	50人

续上表

序号	名　　称	主要设备	主要功能	对应课程	容纳人数
6	校中厂	电脑、投影仪、打印机、工具箱、系统集成安装调试设备	拓展业务方向、发展合作单位及业务洽谈、IT产品服务与咨询、售后服务、项目工程设计、施工和售后技术服务	轮岗实习、生产实习和顶岗实习	50人

2. 校外实训条件

在进行校外实训基地的建设中，积极寻求与国内外、区域内大型知名企业开展深层次、紧密型合作，建立与规模相适应的、稳定的校外实训基地，充分满足本专业所有学生综合实践能力及半年以上顶岗实习的需要，发挥企业在人才培养中的作用，由企业提供场地、办公设备、项目和技术指导人员，企业技术人员与教师共同组织和带领学生完成真实项目设计、施工、调试与维护，使学生真正进入企业项目实践，形成校企共建、共管的格局。

校外实训基地有健全的规章制度及基于职业标准的员工日常行为规范，使学生在实训期间养成遵纪守法的习惯，使其能真正领悟到团队合作精神，同时培养学生解决实际问题的能力。

二、专业人才培养实施规范

（一）课程教学标准

1. 公共基础课程教学标准

根据交通安全与智能控制专业的素质目标和知识目标要求，其公共基础课程教学标准确定如表1-9所示。

公共基础课程教学标准　　表1-9

课程1	思想道德修养与法律基础（“两课”基础）		
学期	第1学期	参考学时	64学时
学习目标	1. 以马列主义、毛泽东思想和中国特色社会主义理论为指导，以人生观、价值观、道德观教育为主线，综合运用相关学科知识，提升自身思想素养； 2. 依据大学生成长的基本规律，教育引导大学生自主学习、学会与人交往，培养健康心理，树立正确恋爱观，适应由中学向大学的转折； 3. 增强道德的是非判断、自我约束和引导示范能力，营造学校与社会的良好道德环境； 4. 能激发对人生目的、人生态度和人生价值的思考，并把思想道德教育和法制教育紧紧地结合在一起，策划成功的人生方案		
学习内容	1. 大学的适应（学习、人际交往、恋爱、心理健康）； 2. 大学生的道德素养（公民基本道德素养、大学生的基本道德素养、职业道德素养）； 3. 大学生的人生观（人生目的、人生态度、人生价值、人生理想与大学生成才）； 4. 认知法律制度，自觉遵守法律（我国的宪法，实体法律制度，程序法律制度）		

续上表

课程 2	毛泽东思想和中国特色社会主义理论体系概论（“两课”概论）		
学期	第 2 学期	参考学时	68 学时
学习目标	1. 以马列主义、毛泽东思想、邓小平理论和“三个代表”重要思想为指导，贯彻落实科学发展观； 2. 以马克思主义中国化理论为教育主线，综合运用相关学科知识，指导大学生运用马克思主义世界观和方法论去认识和分析问题，提升大学生的政治理论水平和判断是非的能力； 3. 帮助大学生认知国史、国情，深刻领会历史和人民是怎样选择了中国共产党、选择了社会主义道路； 4. 增强用真理的力量、逻辑的力量，科学地认识和分析复杂的社会现象的能力		
学习内容	1. 马克思主义中国化进程中的三大理论成果和十六大以来的最新理论成果及其精髓； 2. 毛泽东思想体系中两个特殊内容（新民主主义革命；中国社会主义改造理论和经验）； 3. 建设中国特色社会主义（中国特色社会主义三个基本问题，中国特色社会主义的总体布局，祖国完全统一和外交政策，建设中国特色社会主义的依靠力量和领导力量）		
课程 3	体育		
学期	第 1、2 学期	参考学时	66 学时
学习目标	1. 通过合理的体育教学和科学的体育锻炼过程，使学生达到身心健康、不断提高体能的目的； 2. 使健康的身体成为知识、道德强有力的载体，并使学生认识到健康的身体是知识、道德的基础，人才成功的支柱； 3. 通过体育课培养学生积极参与体育锻炼的良好习惯和终身体育思想； 4. 加强素质教育，发展学生个性，磨炼学生意志，增强社会适应能力		
学习内容	1. 学习体育运动基本理论知识，包括运动原则、科学锻炼身体的方法、运动损伤的处理、运动卫生常识等； 2. 使学生熟练掌握 1 ~ 2 项运动基本技术、基本战术和基本裁判知识； 3. 使学生掌握身体素质的基本练习方法，包括力量素质、速度素质、柔韧素质、耐力素质、灵敏素质		
课程 4	计算机应用基础		
学期	第 1 学期	参考学时	96 学时
学习目标	1. 了解计算机组成及各部分的作用，为选配计算机打下基础； 2. 培养学生熟练使用计算机，能进行简单故障分析处理的能力； 3. 引导学生正确使用网络，让学生充分体验计算机网络在日常生活、工作等领域所起到的重要作用； 4. 能够熟练使用 Office 2010 办公软件进行排版、计算及演示文稿制作等操作		
学习内容	1. 了解计算机软硬件基础的知识，掌握计算机的系统组成； 2. 熟练掌握 Windows 7 操作系统的使用及配置； 3. 了解计算机网络的基础知识，掌握计算机网络（重点是互联网）的使用，让网络更好地服务于生活； 4. 掌握 Office 2010 办公软件中 Word、Excel 和 PowerPoint 的使用，能够进行文字排版、数据计算统计及演示文稿制作		
课程 5	高等数学		
学期	第 1 学期	参考学时	64 学时
学习目标	1. 能够利用函数的相关知识，解决工程中遇到的与函数相关的简单问题； 2. 能够利用微积分的相关知识和理论，解决专业课程中与之相关的问题； 3. 利用微积分相关理论知识，解决专业课中的一元函数和多元函数的近似计算问题； 4. 培养学生的抽象思维能力、逻辑推理能力和综合运用数学知识分析问题、解决问题的能力		

续上表

课程 5	高等数学		
学期	第 1 学期	参考学时	64 学时
学习内容	1. 学习函数的相关概念和极限的基本计算； 2. 学习导数的相关概念、基本计算和相关性质，并利用相关知识求解简单的优化模型； 3. 学习函数的微分并利用微分进行近似计算； 4. 学习不定积分的相关概念，熟练掌握基本公式，以及换元积分法和分部积分法； 5. 学习定积分的相关概念和计算，并利用微元法解决与定积分相关的几何和物理方面的应用； 6. 学习微分方程相关概念和计算，能够解可分离变量的微分方程、一阶线性微分方程、二阶常系数线性微分方程； 7. 学习向量和向量空间的相关概念，以及向量的数量积和向量积，会求简单的空间平面方程和空间直线方程； 8. 学习多元函数的极限、偏导数、全微分等相关概念和计算； 9. 学习积分的相关概念和计算		
课程 6	大学英语		
学期	第 1、2 学期	参考学时	132 学时
学习目标	1. 具有就日常话题和与未来职业相关的话题进行简单交谈的能力； 2. 具有填写和模拟套写常见的简短英语应用文的能力； 3. 具有基本读懂一般题材及与未来职业相关的浅易英文资料的能力； 4. 具有借助词典将与职业相关的一般性业务材料译成中文的能力		
学习内容	1. 巩固和规范英语基础知识，掌握、运用涉及日常生活中的衣食住行、通信、游览、购物、求职等话题的英语交流技能； 2. 通过听、说、读、写、译等方面的学习和基本训练，使学生掌握相关话题的英语语言知识； 3. 培养锻炼在实际工作岗位应用英语的能力及继续学习能力		
课程 7	就业指导		
学期	第 5 学期	参考学时	14 学时
学习目标	1. 了解自己的专业，知道本专业所对应的职业类别和工作岗位； 2. 能够客观地分析自己，找准符合个人实际的就业目标，会作职业生涯规划设计； 3. 了解国家就业政策和学院就业管理规定； 4. 能通过各种途径收集自己所需要的企业信息，及时获取就业信息； 5. 能够制作彰显个人特点的简历； 6. 掌握面试的技巧和方法，了解如何提升个人素质和综合能力		
学习内容	1. 专业介绍，职业生涯规划理论； 2. 就业政策，相关法律法规，如何获取就业信息； 3. 提升就业能力的方法和途径，面试的方法和技巧； 4. 与人沟通交流的技巧，迅速融入企业文化的途径		

2. 专业基础学习领域教学标准

依据交通安全与智能控制专业的知识目标和能力目标要求，专业基础学习领域教学标准确定如表 1-10 所示。

专业基础学习领域教学标准 表 1-10

<table>
<tr><td>学习领域 1</td><td colspan="3">电工电子技术</td></tr>
<tr><td>学期</td><td>第 1 学期</td><td>参考学时</td><td>64 学时</td></tr>
<tr><td>职业能力要求</td><td colspan="3">1. 学会使用基本的电工电子工具、仪器、仪表;
2. 学会手工焊接方法和工艺,并能熟练进行手工焊接基板和元器件;
3. 能够正确识读电子电路图、电气设备控制系统电气图和安装接线图;
4. 学会常用的低压电器的识别、选择与使用;
5. 熟悉电子元器件的类别、性能、用途,并能够正确地选用电子元器件;
6. 能够根据电路图独立完成电子电路的制作任务,并能分析和查找问题并排除故障</td></tr>
<tr><td>学习目标</td><td colspan="3">1. 能够熟练掌握电路的基本知识,学会分析正弦交流电路与三相交流电路;
2. 掌握变压器的结构与工作原理,以及交流异步电动机的工作持性;
3. 掌握模拟电路的基本元器件,掌握基本放大电路、集成运算放大器以及直流电源电路的原理及应用;
4. 掌握基本门电路、组合逻辑电路和时序逻辑电路的分析与调试等</td></tr>
<tr><td>学习内容</td><td colspan="3">学习情境 1:照明电路的安装与调试;
学习情境 2:低压配电柜的装配与调试;
学习情境 3:分立式功率放大器的制作与调试;
学习情境 4:直流稳压电源的制作与调试;
学习情境 5:数字钟的制作与调试</td></tr>
<tr><td>学习领域 2</td><td colspan="3">Windows 服务器维护与管理</td></tr>
<tr><td>学期</td><td>第 2 学期</td><td>参考学时</td><td>68 学时</td></tr>
<tr><td>职业能力要求</td><td colspan="3">1. Windows 服务器操作系统安装;
2. Windows 服务器基本操作;
3. Windows 服务器域控制器的基本管理;
4. DHCP 的配置和管理;
5. DNS 的配置和管理;
6. WEB 服务器的配置和管理;
7. FTP 服务器的配置和管理</td></tr>
<tr><td>学习目标</td><td colspan="3">1. 服务器硬件识别使用;
2. 网络操作系统识别;
3. 服务器的综合配置</td></tr>
<tr><td>学习内容</td><td colspan="3">学习情境 1:认识 Windows 服务器操作系统版本与特性;
学习情境 2:安装 Windows 服务器操作系统;
学习情境 3:Windows 服务器操作;
学习情境 4:管理用户和组;
学习情境 5:设置文件权限、文件共享、磁盘管理;
学习情境 6:配置 DNS、FTP、DHCP、WEB 服务</td></tr>
</table>

续上表

学习领域 3	计算机网络与通信		
学期	第 2 学期	参考学时	68 学时
职业能力要求	1. 具有计算机网络设备和线路的使用能力； 2. 具有局域网组建及应用能力； 3. 具有网络互联与广域网技术应用能力； 4. 具有 Internet 协议及其技术应用能力； 5. 具有网络操作系统应用能力； 6. 具有网络应用服务器的构建与维护能力； 7. 具有网络管理和网络安全维护能力		
学习目标	1. 了解计算机网络的一些基本术语、概念； 2. 了解计算机网络体系结构； 3. 掌握网络的工作原理，体系结构、分层协议，网络互联； 4. 了解网络安全知识； 5. 能通过常用网络设备进行简单的组网，能对常见网络故障进行排查		
学习内容	学习情境 1：计算机网络结构识别； 学习情境 2：计算机网络硬件设备配置； 学习情境 3：网络体系结构与网络协议分析； 学习情境 4：局域网构建； 学习情境 5：广域网构建； 学习情境 6：IP 设置； 学习情境 7：网络操作系统配置； 学习情境 8：网络服务器配置； 学习情境 9：管理网络安全		
学习领域 4	数据结构		
学期	第 2 学期	参考学时	85 学时
职业能力要求	1. 具备根据现实问题抽象得到基本模型的能力； 2. 具备选择不同数据结构的能力； 3. 具备比较不同数据结构之间优劣的能力； 4. 具备查阅资料、手册的能力		
学习目标	1. 理解数据结构的基本概念； 2. 掌握用高级语言描述抽象数据类型的方法； 3. 掌握典型数据结构线性表、堆栈、队列、树、图、排序、查找的概念、性质及实现方法； 4. 了解各种数据结构之间的关系； 5. 具备分析、比较、选择不同数据结构的能力； 6. 掌握数据结构的典型应用和算法，如二叉排序树、最小生成树、哈夫曼树等； 7. 会用时间复杂性和空间复杂度，以评价实现各数据结构的算法和各应用算法的优劣		

续上表

学习领域4	数据结构		
学期	第2学期	参考学时	85学时
学习内容	学习情境1:有序顺序表合并; 学习情境2:多项式相加; 学习情境3:算术表达式求值; 学习情境4:打印数据缓冲区解析; 学习情境5:对通信电文进行哈夫曼编码; 学习情境6:寻求城市公路网最短路径		
学习领域5	SQL Server数据库系统管理		
学期	第3学期	参考学时	68学时
职业能力要求	1. 能够进行数据库管理员的基本工作; 2. 具备数据库的备份、恢复能力; 3. 具备数据库安全管理的能力		
学习目标	1. 进行数据库的安装与维护; 2. 设计数据库; 3. 进行数据库语句的编写和调试; 4. 通过约束、索引实现数据的完整性; 5. 使用触发器、存储过程处理复杂数据; 6. 进行数据备份、恢复操作; 7. 进行数据库的安全管理		
学习内容	学习情境1:创建、修改、删除数据库; 学习情境2:增、删、改、查数据表; 学习情境3:检索数据; 学习情境4:Transact-SQL语言编辑; 学习情境5:创建索引、视图、存储过程和触发器; 学习情境6:备份和恢复数据库		
学习领域6	电气制图与CAD		
学期	第3学期	参考学时	68学时
职业能力要求	1. 认识电气图用图形符号; 2. 通过手册或网络,能够查找相关的符号、代号; 3. 具有电气识图和电气绘图的能力; 4. 通过电路的识读,理解电路图的原理; 5. 掌握电气原理图设计、印制电路板设计的基本步骤; 6. 掌握印制电路板设计中导线的操作; 7. 对于复杂的电气原理图,能进行分析,将其模块化,能绘制层次化原理图; 8. 能够创建PCB元件,进行线路板查错和仿真		

续上表

学习领域 6	电气制图与 CAD		
学期	第 3 学期	参考学时	68 学时
学习目标	1. 了解电气制图的国家标准； 2. 掌握电气图的常用表示方法； 3. 掌握电气图用图形符号； 4. 熟悉电气原理图、印制电路板电气图的识读方法和步骤； 5. 熟悉 ProtelDXP 2004 软件的组成和操作环境； 6. 掌握电路原理图、印制电路板的设计和绘制； 7. 明确 PCB 板设计的重要性和基本规则		
学习内容	学习情境 1：防盗设备电路图的识读； 学习情境 2：典型功放电路的电路原理图的设计； 学习情境 3：PWM 调制波层次原理图的设计； 学习情境 4：电话监控器印制电路板图的设计； 学习情境 5：单管放大电路仿真		

3. 专业核心学习领域教学标准

依据交通安全与智能控制专业的培养目标和主要就业岗位的要求，其专业核心学习领域的教学标准确定如表 1-11 所示。

专业核心学习领域教学标准 表 1-11

学习领域 1	高速公路供配电与照明系统设计与应用		
学期	第 3 学期	参考学时	68 学时
职业能力要求	1. 掌握高速公路供配电照明系统各个子系统设计规范； 2. 能管理高速公路供配电照明系统中的任一子系统； 3. 能参与高速公路供配电照明系统的施工或施工管理； 4. 具有查阅资料、手册、行业技术规范的能力； 5. 具备勤劳诚信、善于协作配合、善于沟通交流等职业素养		
学习目标	1. 理解高速公路供配电照明系统的功能； 2. 掌握高速公路供配电照明系统各个子系统的设计规范； 3. 掌握高速公路供配电照明系统的施工及管理知识； 4. 掌握高速公路供配电照明系统各个子系统的维护知识		
学习内容	学习情境 1：典型供配电系统设计与应用； 学习情境 2：高速公路电力电缆设计与应用； 学习情境 3：高速公路备用电源设计与应用； 学习情境 4：高速公路照明系统设计与应用； 学习情境 5：高速公路隧道照明系统设计与应用； 学习情境 6：高速公路供配电防雷接地系统设计与应用		

续上表

学习领域 2	高速公路监控系统集成		
学期	第 4 学期	参考学时	68 学时
职业能力要求	1. 能够读懂站级到省级高速公路监控系统整体设计方案； 2. 能够按照设计好的方案进行现场安装、调试，能够掌握监控系统建设项目进度； 3. 具有站级到省级监控系统的运行维护能力； 4. 能够做站级、路段级监控系统的方案设计； 5. 能够完成典型监控设备的现场操作、故障诊断与恢复； 6. 具有现场组织管理能力及协调能力		
学习目标	1. 了解监控系统集成工作流程的主要工作内容，掌握设备选型的方法； 2. 熟悉典型监控设备的性能指标和技术参数； 3. 熟悉典型监控系统的组织布局及工作原理； 4. 能够根据项目要求设计出高速公路监控系统，并根据实际情况进行系统优化； 5. 熟悉监控系统集成行业标准，掌握设备安装调试，以及故障排除方法		
学习内容	学习情境 1：简易四路视频监控系统的实现； 学习情境 2：收费站级视频监控系统的实现； 学习情境 3：隧道监控系统特殊部分的实现； 学习情境 4：车辆、气象等路面检测子系统的实现； 学习情境 5：信息发布子系统的实现； 学习情境 6：交通控制子系统的认知； 学习情境 7：分中心级监控系统的集成； 学习情境 8：省级联网监控系统的集成； 学习情境 9：监控新技术应用设想		
学习领域 3	高速公路隧道机电系统集成		
学期	第 5 学期	参考学时	84 学时
职业能力要求	1. 掌握隧道机电工程各个子系统设计规范； 2. 能管理隧道机电工程中的任一子系统； 3. 能参与隧道机电工程的施工或施工管理； 4. 具有查阅资料、手册、行业技术规范的能力		
学习目标	1. 理解隧道机电工程系统的功能； 2. 掌握隧道机电工程各个子系统的设计规范； 3. 掌握隧道机电工程的施工及管理知识； 4. 掌握隧道机电工程各个子系统的维护知识		
学习内容	学习情境 1：高速公路隧道监控系统应用维护； 学习情境 2：高速公路隧道通信系统应用维护； 学习情境 3：高速公路隧道辅助系统应用维护； 学习情境 4：高速公路隧道机电系统应用维护		

续上表

学习领域4	高速公路联网收费系统应用与维护		
学期	第5学期	参考学时	84学时
职业能力要求	1. 能读懂高速公路省收费中心收费系统整体设计方案; 2. 能从事高速公路路段收费分中心收费系统的方案设计; 3. 能从事高速公路收费站收费系统的方案设计; 4. 能按照设计好的方案进行收费系统现场设备安装、调试; 5. 具有控制建设进度等施工组织的能力; 6. 能完成典型收费设备的现场操作、故障诊断与恢复,具有各级收费系统的运行维护能力; 7. 能进行收费系统集成、运行维护的技术管理,具有现场处理问题能力、组织管理能力及协调能力; 8. 具有对本路段内流通的通行卡和票据进行调配、查询与管理的能力; 9. 具有维护系统、网络安全,杜绝所有未经授权访问的能力; 10. 具有定期或不定期进行数据管理和备份的能力; 11. 具有统计、检索、打印报表的能力; 12. 具有路段内车道收费情况实时监督的能力; 13. 具有路段内收费情况事后稽查与图像审核的能力		
学习目标	1. 了解收费系统集成工作流程的主要工作内容; 2. 掌握收费系统设备选型的方法; 3. 熟悉典型收费设备的性能指标和技术参数; 4. 熟悉典型收费系统的组织布局及工作原理; 5. 熟悉各种收费系统主要设备的组成与作用; 6. 掌握收费系统各类设备的操作方法; 7. 掌握交通工程和安全生产的相关基本知识; 8. 熟悉公路交通相关的法律、法规知识; 9. 熟悉收费资源规划管理的内容; 10. 掌握电子不停车收费方法; 11. 熟悉系统参数管理的内容; 12. 掌握数据统计、通行费拆分、清算、处理、存储的方法; 13. 掌握信息查询、检索、操作权限管理方法; 14. 掌握IC通行卡、票据等管理; 15. 掌握特殊事件车道图像管理; 16. 掌握非现金支付收费方法		
学习内容	学习情境1:收费车道控制设备应用维护; 学习情境2:收费计算机网络应用维护; 学习情境3:收费闭路设备应用维护; 学习情境4:不停车收费设备应用维护; 学习情境5:收费附属设施应用维护		
学习领域5	GPS原理及应用		
学期	第4学期	参考学时	68学时
职业能力要求	1. 具备使用通信及导航等辅助工具的能力; 2. 具备理解使用外文资料的能力; 3. 具备搜集整理资料的能力;		

续上表

学习领域5	GPS原理及应用		
学期	第4学期	参考学时	68学时
职业能力要求	4. 具备制订、实施工作计划的能力； 5. 具备综合分析判断的能力； 6. 能认知各种定位系统； 7. 能制订静态GPS定位观测计划； 8. 能进行静态GPS外业观测及数据传输； 9. 能进行静态GPS测量数据处理及误差分析； 10. 拥有编写项目技术设计书和技术总结报告书的能力		
学习目标	1. 掌握GPS系统的构成及各部分的工作流程； 2. 掌握GPS的坐标系统与时间系统的基准； 3. 掌握静态GPS控制网布设的方法和特点； 4. 掌握GPS外业观测和内业数据处理的技术要求； 5. 掌握LGO 6.0数据处理软件的界面和操作步骤； 6. 了解美国GPS卫星定位系统、GLONASS定位系统、伽利略卫星定位系统和我国北斗卫星定位系统的应用及发展前景		
学习内容	学习情境1：城市E级GPS控制测量； 学习情境2：隧道D级GPS控制测量； 学习情境3：线路C级GPS控制测量； 学习情境4：GPS公共车辆跟踪调度系统应用； 学习情境5：车辆动态监控系统应用		

4. 专业拓展学习领域教学标准

依据交通安全与智能控制专业的培养目标和岗位拓展需求，其专业拓展学习领域教学标准确定如表1-12所示。

专业拓展学习领域教学标准 表1-12

学习领域1	交通信号与控制		
学期	第3学期	学时	68学时
职业能力要求	1. 具有丰富的提高路口通行能力对策和公共交通优先通行管理的内容等知识； 2. 具有丰富的交通信息采集与处理技术、交通仿真技术在交通管理和控制中的应用知识； 3. 具有丰富的定时信号控制、感应信号控制的原理和方法，单点交叉口配时方案设计，单点交叉口的智能控制的相位、相序及配时优化知识； 4. 具有丰富的干道交通信号协调控制的基本概念、干道交通信号协调控制的现状及发展、干道交通信号协调控制的基本方法、干道交通信号协调控制的联结方法、选用线控系统的依据、干道交通信号的智能协调方法知识； 5. 具有丰富的交通信号控制概念与分类、定时式脱机操作信号控制系统、自适应式联机操作信号控制系统及优化方法知识； 6. 具有丰富的高速干道的交通特性和存在的问题、入口匝道控制的基本方法，高速干道的智能交通控制、异常事件检测及应急管理系统知识；		

续上表

<table>
<tr><td>学习领域 1</td><td colspan="3">交通信号与控制</td></tr>
<tr><td>学期</td><td>第 3 学期</td><td>学时</td><td>68 学时</td></tr>
<tr><td>职业能力要求</td><td colspan="3">7. 具有丰富的城市智能交通管理系统、路线导航系统、交通信息服务系统,先进的城市公共交通系统、交通拥挤收费系统,路线导航系统、交通信息服务系统和综合交通管理系统的基本原理、主要组成及其功能知识</td></tr>
<tr><td>学习目标</td><td colspan="3">1. 掌握交通管理与控制的基本概念、基本方法;
2. 了解交通管理与控制与相关课程之间的关系;
3. 熟悉交通管理与控制的原则和基本内容;
4. 了解交通管理与控制的现状和发展趋势;
5. 熟悉平面交叉口的交通管理方法;
6. 了解单点信号交叉口、城市干线交叉口、区域交通控制系统、高速公路匝道等交通信号设置的依据和方法;
7. 具备在交通管理领域对道路交通流进行指挥、运营管理和控制的基本知识和技能</td></tr>
<tr><td>学习内容</td><td colspan="3">学习情境 1:道路交通管理;
学习情境 2:基本道路交通控制;
学习情境 3:高速干道交通控制;
学习情境 4:常规信号灯设置;
学习情境 5:城市智能交通管理与控制</td></tr>
<tr><td>学习领域 2</td><td colspan="3">综合布线</td></tr>
<tr><td>学期</td><td>第 4 学期</td><td>学时</td><td>68 学时</td></tr>
<tr><td>职业能力要求</td><td colspan="3">1. 能设计中小型综合布线系统方案;
2. 能绘制各种综合布线图;
3. 会综合布线产品选型和材料预算;
4. 能按规范安装管槽路由及设备间、电信间、工作区等综合布线系统;
5. 能按规范敷设和端接双绞线和光缆</td></tr>
<tr><td>学习目标</td><td colspan="3">1. 掌握综合布线系统方案的设计规范;
2. 对综合布线任意子系统进行施工;
3. 完成综合布线系统的预算;
4. 在任何工作间完成综合布线工程的施工;
5. 具备勤劳诚信、善于协作配合、善于沟通交流等职业素养</td></tr>
<tr><td>学习内容</td><td colspan="3">学习情境 1:综合布线系统认知;
学习情境 2:楼宇内综合布线;
学习情境 3:外场区综合布线;
学习情境 4:综合布线工程概预算与招投标;
学习情境 5:综合布线工程管理</td></tr>
</table>

续上表

<table>
<tr><td>学习领域 3</td><td colspan="3">交通工程学</td></tr>
<tr><td>学期</td><td>第 5 学期</td><td>学时</td><td>56 学时</td></tr>
<tr><td>职业能力要求</td><td colspan="3">1. 具备分析和解决问题的能力；
2. 具备解决交通工程问题的能力；
3. 具有进一步学习其他有关内容和查阅相关资料文献的能力</td></tr>
<tr><td>学习目标</td><td colspan="3">1. 掌握交通特性分析知识；
2. 掌握交通流理论及其应用研究知识；
3. 掌握公路路段和交叉口通行能力的计算；
4. 掌握由人、交通设施、交通工具共同构成的交通系统的基本特征调查、分析方法；
5. 掌握交通模型构建基本理论与方法；
6. 掌握交通规划和设计基本理论与方法；
7. 掌握交通系统控制、管理基本理论与方法；
8. 掌握交通系统评价基本理论与方法；
9. 掌握智能交通系统等新交通科技相关的新交通工程理论和技术概况等</td></tr>
<tr><td>学习内容</td><td colspan="3">学习情境 1：交通调查和分析；
学习情境 2：道路通行能力计算分析；
学习情境 3：交通规划；
学习情境 4：交通管理与控制；
学习情境 5：交通安全管理</td></tr>
<tr><td>学习领域 4</td><td colspan="3">智能控制技术</td></tr>
<tr><td>学期</td><td>第 5 学期</td><td>学时</td><td>84 学时</td></tr>
<tr><td>职业能力要求</td><td colspan="3">1. 对智能控制基础知识和发展动态有比较深入的了解；
2. 对遗传算法基础知识和发展动态有比较深入的了解；
3. 具有丰富的 MATLAB 程序设计和遗传算法工具箱使用经验；
4. 对神经网络基础知识和发展动态有比较深入的了解；
5. 具有丰富的 MATLAB 神经网络工具箱使用经验；
6. 对模糊控制基础知识和发展动态有比较深入的了解；
7. 具有丰富的 MATLAB 模糊控制工具箱使用经验</td></tr>
<tr><td>学习目标</td><td colspan="3">1. 掌握智能控制的基本概念，系统特征及性能、类型；
2. 掌握知识的基本概念、表示方法、获取和处理；
3. 掌握神经网络的基本概念、感知器、BP 网络；
4. 掌握模糊控制的基本概念，模糊系统的特点、工作原理及设计要求；
5. 具备使用计算机仿真模拟软件 MATLAB 的能力；
6. 具备应用计算机软件模拟智能和实现智能的能力</td></tr>
<tr><td>学习内容</td><td colspan="3">学习情境 1：智能控制实现；
学习情境 2：遗传算法应用；
学习情境 3：神经网络控制实现；
学习情境 4：模糊控制实现；
学习情境 5：专家控制系统实现</td></tr>
</table>

续上表

学习领域5	高速公路运营管理		
学期	第3学期	学时	68学时
职业能力要求	1. 熟悉高速公路运营管理的管理体制，了解高速公路运营管理方法； 2. 能对高速公路服务区进行管理和事故的处理； 3. 能对高速公路路面进行检查和养护，以及绿化的养护管理与环境保护； 4. 具有查阅资料、手册、行业技术规范的能力		
学习目标	1. 理解高速公路运营管理的概念； 2. 熟悉高速公路管理体制、高速公路管理办法； 3. 掌握高速公路收费管理、路政管理、交通管理与交通安全； 4. 掌握高速公路监控通信管理； 5. 熟悉高速公路服务区的管理原则、管理模式以及经营开发的方式		
学习内容	学习情境1：高速公路收费管理； 学习情境2：高速公路路政管理； 学习情境3：高速公路交通安全管理； 学习情境4：高速公路养护维修管理； 学习情境5：高速公路监控通信管理		
学习领域6	公路交通安全管理		
学期	第4学期	学时	68学时
职业能力要求	1. 掌握道路交通管理业务的各项技能； 2. 熟练运用交通法规制作规范的交通管理法律文书； 3. 掌握使用各种交通管理技术设备开展道路交通管理工作的方法； 4. 具有查阅资料、手册、行业技术规范的能力； 5. 具备勤劳诚信、善于协作配合、善于沟通交流等职业素养		
学习目标	1. 了解高速公路管理的概念、意义、特点及高速公路发展； 2. 掌握高速公路交通事故特征、安全行车特征，交通管制与交通事故的处理； 3. 掌握高速公路交通安全管理设施、高速公路生产作业交通安全管理以及安全管理方法； 4. 熟悉高速公路交通信息管理与交通监控、交通调度设备的管理与维护		
学习内容	学习情境1：高速公路交通安全管理； 学习情境2：分析高速公路交通安全影响因素； 学习情境3：高速公路交通设施安全管理； 学习情境4：高速公路交通调度设备管理与维护； 学习情境5：高速公路交通事故处理； 学习情境6：高速公路交通安全及法规宣传教育		

5. 独立实践环节教学标准

独立实践环节是培养学生专业技能、操作能力的重要环节。本阶段的专项实训应与相应课程紧密结合，对生产实习和毕业顶岗实习应规范管理。独立实践环节教学标准如表1-13所示。

独立实践环节教学标准 表 1-13

学习领域	毕业顶岗实习		
学期	第6学期	学时	570学时
职业能力要求	1. 通过毕业顶岗实习使学生加深对专业理论知识的理解，培养和提高学生实际操作和分析问题、解决问题的能力； 2. 使学生综合运用所学理论知识与管理实践紧密结合，为毕业后从事施工技术管理等工作打下良好的基础		
学习目标	1. 在实习过程中认知设计或施工等企业的工作流程和各岗位的职责任务，提高岗位的适应能力，学会以各种方式学习，综合素质要有明显提高； 2. 将施工等专业知识和相关政策法规相结合，并运用到相应的实践岗位，提高观察问题、发现问题、分析问题、解决问题的能力，提高专业水平； 3. 在规范有序的实际工作中养成努力钻研、吃苦耐劳的品质		
学习内容	1. 照明系统设计与安装； 2. 公路交通安全管理； 3. 网络拓扑设计； 4. GPS设备的安装与使用； 5. 网络管理与测试； 6. 机电系统施工； 7. 监控系统方案设计、监控设备安装与配置、监控系统调试、监空系统运行与维护； 8. 收费系统方案设计、收费系统安装与配置、收费系统调试、收费系统运行与维护； 9. 通信系统方案设计、通信系统安装与配置、通信系统调试、通信系统运行与维护等		

（二）教学组织

贯彻“合作办学、合作育人、合作发展”的理念，按照“依托行业、对接产业、定位职业、服务社会”的专业建设思路，以行动导向实施课程教学，形成以教师为主导、学生为主体、学做合一、理实一体、工学结合的教学模式。始终要重视学生在校学习与实际工作的一致性，采取工学交替、任务驱动、项目导向的一体化教学模式，运用任务驱动法、项目导向法、情境教学法、案例分析法、现场教学法、课堂讨论法等教学方法进行教学，立足于加强学生实际操作能力的培养。

核心课程建议采用“任务驱动、项目导向”教学法，通过典型的工作任务或项目，由教师提出要求或示范，组织学生进行活动，注重“教”与“学”的互动，让学生在活动中增强爱岗敬业、团结协作的意识，实现技能与素质的同步提高。实施“教、学、做”一体化教学，提高学生的学习兴趣，有效培养学生的职业能力；教师可着重进行引导并实施监督和评价。实践课程要加强对学生的引导、示范，创设工作情境，让学生亲自动手，提高学生岗位适应能力和分析处理问题的能力。

在教学过程中，要充分借鉴多媒体、教学资源库、网络资源等教学资源辅助教学，帮助学生理解所学知识。重视本专业领域新技术、新工艺、新设备的发展趋势，充分利用校外实训基地，校企合作，工学结合，积极引导学生提升职业素养和职业道德。紧密结合职业技能证书的考核，加强取证项目的训练。

（三）考核评价

吸纳用人单位专家参与教学质量评价，建立以能力为核心、以过程为重点的学习绩效考核评价体系。针对不同类型的课程，采用不同的考核方法。对公共基础课程，建议采取理论考核的方法；对于专业学习领域，建议采取过程考核与综合考核相结合的方式；对于独立实践环节，尽量采用实操考核、过程考核的方法。具体原则如下：

1. 公共基础课程

总评成绩 = 平时成绩（考勤、提问、作业等）×40% + 期终考核 ×60%。

2. 专业学习领域

采取过程考核与综合考核相结合的评价方式，同时根据学生取得相应工种的职业资格证书的情况，综合评价学生成绩。

其中，过程考核包括学习态度、课程作业等，占课程总成绩的 40%；综合考核包括期末考试、实践考核、技能鉴定、小组评议、学习总结等，占课程总成绩的 60%。

3. 独立实践环节

以工作态度、实际操作和实习报告等情况综合评定学生成绩，其中工作态度、实际操作等占 60%（在企业完成的项目由企业指导教师评定），毕业设计（论文）占 20%，实习报告占 20%。

三、专业人才培养实施流程

将智能交通职业岗位任职要求融入人才培养方案中，根据不同岗位的能力要求分阶段递进培养，以校内外生产型实习基地为平台，构建工作与学习结合、融学历教育与认证培训一体化的“四段递进、岗位教学、校企一体、工学并进”人才培养模式，如图 1-1 所示，不断深化人才培养模式改革，提升人才培养质量。

1. 第一阶段：完成基础岗位能力教学

本阶段主要面向计算机操作员岗位进行教学，进行必要的文化基础知识和办公技能的学习和实训，培养基础技能。在这一阶段，要求学生达到信息处理技术员（初级）的岗位要求，并考取对应的国家计算机等级考试（一级）证书。

2. 第二阶段：完成初级岗位能力教学

本阶段主要面向公路收费及监控员和安全监控员等初级岗位进行教学，采用学训结合的方式进行专业基础学习领域课程的学习，培养专业基本技能。在这一阶段，要求学生达到监控系统集成师（初级）和网络管理员的岗位要求，并组织学生参加局域网管理员认证。

3. 第三阶段：完成中级岗位能力教学

本阶段主要面向公路收费及监控员、系统管理员等中级岗位进行教学，采用产学一体方式进入专业核心学习领域课程学习，在“校中厂”和校内实训基地进行工学交替，培养专业核心技能。在这一阶段，组织学生参加安全监控员、公路收费员和公路监控员等行业、企业认证考试。

4. 第四阶段：完成管理岗位能力教学

本阶段主要面向智能交通系统施工员、管理员和智能交通产品营销员等管理岗位进行教学，进入专业拓展学习领域课程学习，由学院统一安排的到合作企业轮岗和顶岗实习的方式,培养学生职业技能。学生通过工学并进的学习,在知识目标上,具备一定的公共文化基础理论、计算机基础、交通安全与智能控制等基本理论和专业知识;在能力目标上,具备监控系统、收费系统和安全系统的集成、管理与维护等职业能力;在职业素质目标上,具备良好的职业道德与团队精神,并具有较强的语言表达及文字运用能力。在这一阶段,组织学生参加系统集成项目管理工程师(中级)、网络工程师、信息技术支持工程师等国家职业认证考试。

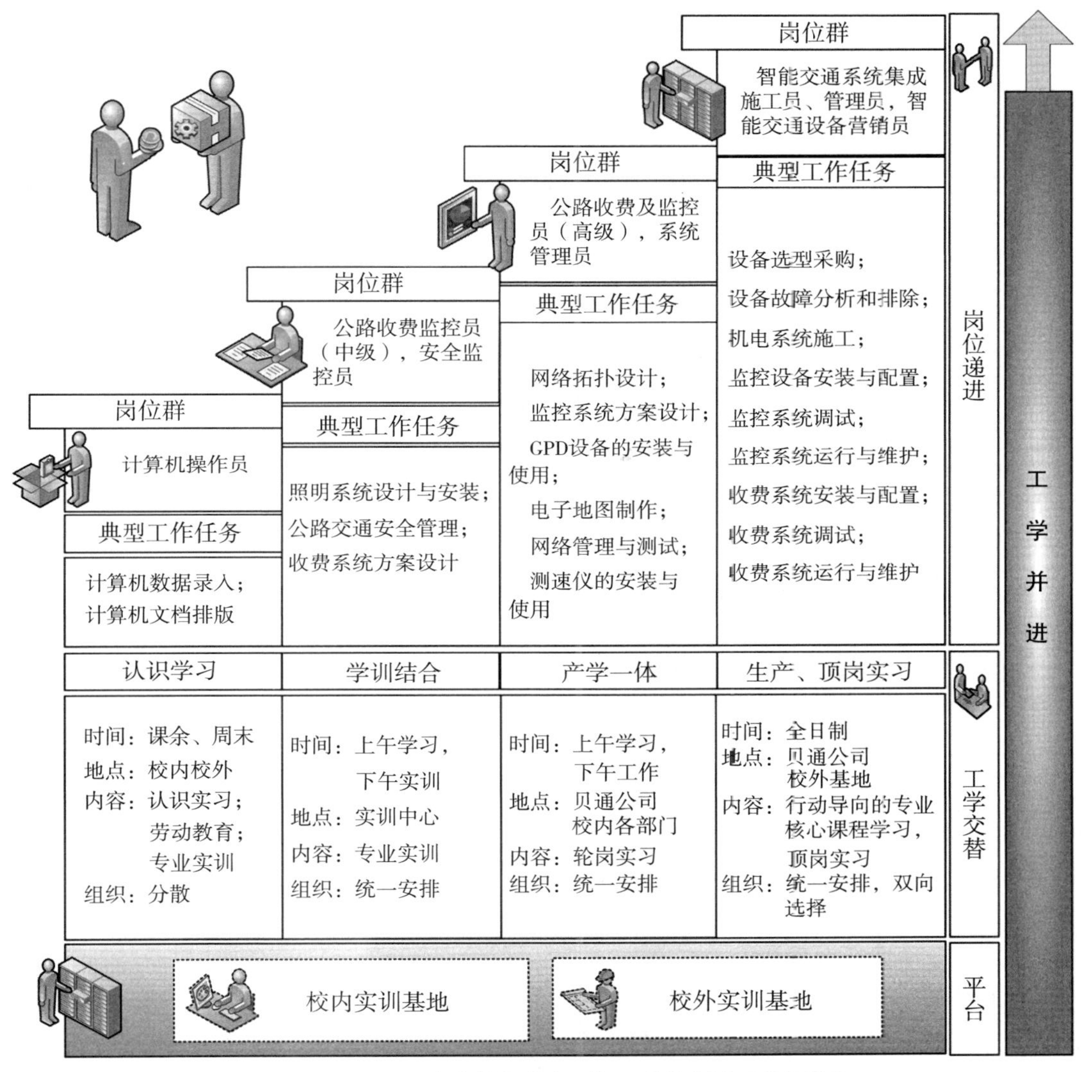

图 1-1 “四段递进、岗位教学、校企一体、工学并进”人才培养模式

同时,推行项目导向的教学模式,构建与人才培养模式相适应的“1122”半工半读、工学结合教学组织模式,如图 1-2 所示。

四、专业人才培养实施保障

(一)专业人才培养实施的组织保障

在学院合作发展理事会的指导下,由系部牵头,组建由学院专业带头人、骨干教师、知名校友、学生代表以及交通安全与智能控制行业企业专家共同参与的"信息工程系校企合作工作委员会"，下设办公室、专业建设工作部和社会服务部。校企合作制定"信息工程系校企合作工作委员会规程"，每年定期组织召开专业建设研讨会，制订年度工作计划，进行专业人才需求调研，专业人才培养方案修订研讨，课程开发、课程建设和实训基地建设等。

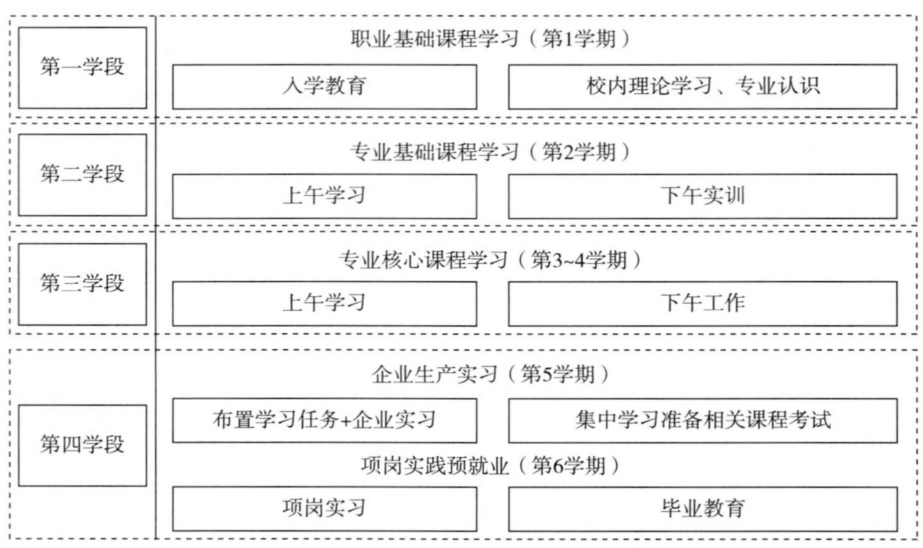

图 1-2 "1122"半工半读、工学结合教学组织模式

（二）专业人才培养实施的制度保障

1. 校企合作、工学结合运行机制

为了使专业建设和技术服务工作能健康、有序地开展，并切实解决学生安全、学生待遇等突出问题，应该根据学院的相关管理规定，结合本专业的实际制定相关的《校企合作工作委员会工作细则》《校企合作工作委员会例会制度》《专业建设工作部管理细则》《社会服务部管理细则》《校外实习实训基地建设校企共建共管细则》《教师培训与企业锻炼实施细则》《企业兼职教师聘用、管理与考核管理细则》《教学组织方案调整细则》等工学结合相关制度。

2. 专业教学运行管理机制

为了保障理论与实践教学的顺利实施与运行及专业教学的运行管理，应该依据学院《教学管理基本规程》《课程建设指导意见》《关于教学建设的若干规定》《实践教学工作条例》《学生学业成绩考核管理规定》《学生管理规定》《学生考试违纪和作弊认定处理办法》等的教学管理制度执行。

为了确保实践教学的顺利进行，各校内实训室和校外实训基地应不断完善相关管理制度，如《校内实训基地管理制度》《校外实训基地运行管理制度》《实训室工作人员管理制度》《实训室及设备管理制度》《仪器操作规程》等，保证校内外实训条件的优势资源在教学过程中的充分发挥。

3. 顶岗实习制度

顶岗实习是工学结合人才培养模式的重要组成部分。为了保证顶岗的效果、提高实习的质量,应根据学院《顶岗实习管理办法》和有关管理规定,制定本专业相关的实施细则。学生在实习过程中,应按要求提交《学生顶岗实习协议书》《学生自主联系顶岗实习申请表》《顶岗实习手册》《顶岗实习考核表》《顶岗实习辅导员联系学生情况登记表》《顶岗实习手册》《顶岗实习总结》《顶岗实习鉴定表》以及毕业设计(毕业论文、专业报告)等材料。

4. 其他配套制度

为了全面持久地提高教学质量,应定期进行专业和人才市场调究,不断调整人才培养方案和课程体系,不断更新教学内容;将师资队伍建设作为长期的工作重点,制订专业师资规划、人才引进规划、兼职教师队伍建设方案、教学改革计划、专业和课程建设规划。

(三)专业教学运行过程质量保障

1. 教学质量监控与评价主体

按学院的管理要求,构建和完善由教务处、督导、系部、教研室、校企合作工作委员会和学生信息员等六大部分构成的教学质量监控与评价主体。其中,教务处和系部是教学质量监控与评价主体,督导室是教学过程日常巡视监控与评价主体,校企合作工作委员会是专业人才培养目标与规格监控主体,学生教学信息员是教学效果反馈主体。

2. 教学质量标准体系

校企合作应积极探索职业岗位要求与专业人才培养方案有机结合的途径与方式,充分发挥由行业专家参与的校企合作工作委员会专业建设工作部的作用,科学制订人才培养方案,建立实践教学环节的质量标准体系:一是要建立和完善教师教学标准,二是制订和完善课程标准。

3. 教学质量监控与评价体系

针对本专业学生学习的目标、内容、要求等,制定一整套科学、规范的教学运行管理细则,形成教学全过程运行监控体系。特别是加强学生顶岗实习期间的教学质量监控,强化顶岗实习过程管理。校企共同实施教学质量评价体系,通过督导考核、学院考核、学生评价及同行评价四个方面对教学进行综合评价。督导考核通过听课、走课、巡课、师生座谈会、学生教学信息反馈、教案检查、教学检查等情况对教师的教学工作进行客观评价;教务处代表学院对教师执行管理情况进行客观评价;学生根据平时教师的教学情况进行网上测评,再通过测评数据标准化处理形成可比测评分;同行考核是由系部、教研室和同行教师通过听课和教研活动情况,对教师的教学进行考核。为了使考核公平可信,系部应该按学院的相关管理规定,制定本系部和本专业教研室的教学考核细则,以保证测评结果客观公正。

(执笔人:张春雨)

第三部分　附　　件

附件1:交通安全与智能控制专业人才培养调研报告

一、调研目的

随着道路建设的加快,交通安全与智能控制专业传承交通行业的优势,坚持“服务区域经济和社会发展,以就业为导向,加快专业改革与建设,加大课程建设与改革的力度,增强学生的职业能力,大力推进工学结合,突出实践能力培养,改革人才培养模式”的发展理念,为社会培养技术技能型人才。依据交通行业产业结构调整及职业岗位对任职人员知识、能力和素质的要求,共同构建“四段递进、岗位教学、校企一体、工学并进”的人才培养模式。交通安全与智能控制专业教学团队对交通行业发展现状、人才需求情况、职业岗位知识、技能、素质等进行调研,为专业人才培养方案修订、教学改革及专业改革提供依据和帮助,提高了江西交通职业技术学院交通安全与智能控制专业人才培养质量。

二、调研时间

2012年5月至8月,交通安全与智能控制专业教学团队组成调研小组,对江西省区域经济发展,企业人才的结构和需求,企业岗位对职业技能的要求,毕业生的就业情况进行了调研。

三、调研对象

为了保证本次调研任务的准确,在调研具体实施过程中对行业中具有代表性的公司和企业进行了调研,其中包括江西省高速公路联网收费结算中心、江西省交通运输厅信息中心、江西方兴科技有限公司、江西贝尔信息产业有限公司、深圳西沃智能科技有限公司、杭州海康威视数字技术股份有限公司、广东运星科技有限公司等。

四、调研方法

为使交通安全与智能控制专业人才培养的目标和规格突显职业教育的针对性、实践性和先进性,缩小与用人单位需求的距离,为江西省及周边省份的高速公路及城市交通安全与智能控制事业的发展提供优质的人力资源,根据国家高职示范校关于开发专业课程体系的相关精神及工作思路,江西交通职业技术学院信息工程系以《职业教育课程教学改革》为引领,根据行业对交通安全与智能控制专业学生的职业岗位需求,研究分析交通安全与智能控制专业人才的培养规格、知识能力与素质结构,确定专业培养目标,优化课程体系和教学内容。

江西交通职业技术学院信息工程系成立了以交通安全与智能控制专业教师为主要成员的项目组,针对本专业毕业生及相关企、事业单位,进行人才需求与专业改革方案的调研。调研主要采取座谈、问卷等形式开展。

目前项目组分别对江西省交通运输厅信息中心、江西省交通工程集团公司、江西省高速公路联网收费结算中心、江西方兴科技有限公司、江西路通科技有限公司、江西省公路管理局京福高速公路温沙管理处、江西省交通运输厅景鹰高速公路管理处、江西省公路局交通工程公司、江西赣粤高速公路股份有限公司、江西贝尔科技产业有限公司等十三个相关单位进行了调研,从中获得了较为宝贵的一手资料。

五、调研内容

(一)交通安全与智能控制专业人才需求调研

1. 行业背景及人才需求情况

(1)行业背景

当今世界各国的大城市无不存在着交通拥挤问题。以美国为例,1976—1997 年间,年车辆里程以 77% 的速度上升,可是同期道路建设里程的增长却仅为 2%,在城市交通的高峰时期,54% 的车处于拥挤状态。由于交通拥挤,人们每天消耗在上下班的时间比平时平均多了 1.5h,同时导致商业车辆在交通运输中延误,增加了运输成本。然而,有限的土地和经济制约等使得道路建设不可能达到相对满意的里程数,所以就需要在不扩张路网规模的前提下,提高交通路网的通行能力。这就需要综合运用现代信息与通信技术等手段来提高交通运输的效率。

智能交通系统(Intelligent Transportation System,简称 ITS)是未来交通系统的发展方向,它是将先进的信息技术、数据通信传输技术、电子传感技术、控制技术及计算机技术等有效地集成运用于整个地面交通管理系统而建立的一种在大范围内、全方位发挥作用的,实时、准确、高效的综合交通运输管理系统。ITS 可以有效地利用现有交通设施、减少交通负荷和环境污染、保证交通安全、提高运输效率,因而,日益受到各国的重视。

我国十分重视 ITS(智能交通系统)在国内的发展。有关部门从 1996 年开始组织了 ITS 领域的一系列国际交流和合作,支持在国内开展研究和开发。为了便于协调,国家科技部组织原交通部、原铁道部、公安部、原建设部、原国家技术监督局等有关部门,组建了中国 ITS 政府协调指导小组,总体规划包括道路、铁路、水运、民航在内的中国 ITS 发展战略、标准制定和人才培训,组织 ITS 关键技术的攻关和示范工程。监控、通信、收费是高速公路 ITS 应用的主要方面。

(2)区域背景

江西省"十二五"规划明确提出:加强交通基础设施建设,构建功能完善、协调配套、高效快捷、支撑有利的现代基础设施体系,大力推进重要交通节点运输枢纽化。2015 年,江西省所有县(市、区)将全部建成高速公路,其中 2012 年高速公路里程突破了 4000km,2015 年将突破 5000km,拟提前五年实现全省县县通高速公路的规划目标。初步实现交通运输管理服务信息化,大力推进应急保障高效化,着力发展交通运输业低碳化。

在《中华人民共和国国民经济和社会发展第十二个五年规划纲要》和《交通运输"十二

五”发展规划》中都明确提出，按照“适度超前”的原则，“推进交通信息化建设，大力发展智能交通，提升交通运输的现代化水平。”

随着江西省高速公路总里程的增加及高速公路智能系统的进一步完善，急需大量的交通安全与智能控制技术方面的高技能人才。据调研，“十二五”期间，智能交通领域需要从事GPS与电子地图制作、交通控制与管理、电子不停车收费等方面的高端技能型从业人员在1万人以上。

江西交通职业技术学院是江西省内第一所开设交通安全与智能控制专业的高职院校，同时，由于开办该类专业时间短，所涉及的专业技术领域广泛、技术相对复杂，尚未形成科学系统的行业标准和职业标准，导致所培养人才专业能力不能完全满足智能交通市场的需求。智能交通高端技能型人才数量上的短缺以及质量上的不足，已成为制约实现智能交通跨越式发展的瓶颈。

基于上述人才需求分析，大力发展交通安全与智能控制专业，培养综合素质高、实践能力强的高端技能型人才，是一项非常迫切的任务。学院交通安全与智能控制专业有良好的发展前景，可为江西经济社会和交通信息化建设的信息技术人才培养作出贡献。

(3)人才需求

随着公路交通建设的快速发展特别是高速公路的发展，对道路管理者的要求也相应提高。交通发展对交通安全与智能控制专业人才的需求，具有以下四个特点：量大——高速公路的持续、快速发展，必然需要一大批具有较高技术水平和较好业务素质的专业技术人才；面广——随着城市化进程的加快，城市道路的发展也需要大量交通安全与智能控制专业技术人才；时间长——公路和城市道路的建设和管养是一项长期持久的任务，对人才的需求也是长期的；专业性强——交通智能化管理需要既懂交通业务又懂信息技术的复合型人才，需要系统而全面的培养。一支具有各种技术水平、业务素质好的专业技术队伍已是必然需求，特别需要一批既懂交通业务又懂信息技术的复合型人才。

2. 行业从业人员基本情况

对有关企事业单位从业人员的年龄、学历、技术等级及工资收入进行了调研。

(1)年龄结构

交通安全与智能控制行业从业人员年龄结构比例：19～35岁占55%，36～55岁占35%，55岁以上占10%。

(2)学历结构

交通安全与智能控制行业从业人员学历结构：初中毕业占2%、高中(含中技)占8%、中专占20%、专科占50%、本科占20%。初、高中和中专毕业的人员一般只能从事销售或一线流水线流程的简单操作，一般企业均要求员工的学历在大专以上。

(3)技能等级及对应的比例

交通安全与智能控制行业从业人员一般都持有相应的职业资格证书，共有三个级别，分别为初级、中级和高级。从初级到高级的比例逐步减小，呈金字塔形分布。一般企业对员工的要求是持有中级以上的等级证书及相关的上岗证。

由近三年来交通安全与智能控制专业人才招聘的情况来看，相关企事业单位对本专业从业人员的要求有所提高，学历一般要求大专以上，一般希望专业对口，可以立即上岗。

3. 专业对应的职业岗位的分析

交通安全与智能控制专业的毕业生可在交通运输管理、高速公路公司、交通工程设计与研究、交通建设等部门就业，主要从事公路网络监控、公路费用征收、道路交通管理、道路交通设计以及相关交通智能管理设备的维护等技术工作。除此之外，由于学生通过三年的学习，具有了扎实的计算机功底，还能从事计算机软硬件方面的工作。

交通安全与智能控制专业对应的主要工作岗位见表1。

专业对应工作岗位表

表1

序号	工作岗位	序号	工作岗位
1	计算机操作员	5	智能交通系统集成施工员、管理员
2	公路收费监控员	6	智能交通设备营销员
3	安全监控员	7	网络管理员
4	系统管理员	8	一般文员

4. 专业对应的职业资格证书分析

对持有国家职业资格证书或其他相关证书的交通安全与智能控制专业的从业人员，企业认可度较高，对就业有极大帮助，这些职业资格证书和职业岗位之间有较密切的联系。交通安全与智能控制专业可以对应的职业资格证书或其他证书见表2。

交通安全与智能控制专业对应职业资格证书汇总表

表2

序号	考核项目	考核发证部门	等级要求
1	监控系统集成师	工业和信息化部	初级
2	信息处理技术员	工业和信息化部	初级
3	网络管理员	工业和信息化部	初级
4	系统集成项目管理工程师	工业和信息化部	中级
5	网络工程师	工业和信息化部	中级
6	信息技术支持工程师	工业和信息化部	中级

5. 专业人才招聘渠道分析

从我国目前的就业形势和就业渠道，以及本专业近几年学生就业情况分析，交通安全与智能控制对应岗位的招聘渠道包括：人才市场招聘，企业到校招人、学校推荐，先毕业顶岗实习后企业留用，通过熟人推荐等。

随着企业的发展或人员的流动，每年企业均要招聘大专生。企业在招聘时通常通过面试和查阅学生的学业成绩及评价、所持有的技能证书及具备的技能的方式进行录用，也有通过初试后再进企业进行考察试用的方式决定是否录用。但有时也存在一定的问题，比如高速公路管理公司对人员的招聘时间机动性太大，往往与学生毕业就业时间不接近，使学生失去一定就业机会等。

（二）交通安全与智能控制专业现状调研

1. 交通安全与智能控制专业点分布情况

江西交通职业技术学院的交通安全与智能控制专业开设于2003年，是在江西省高职院校中开办该专业最早的院校。

2. 交通安全与智能控制专业就业岗位分布统计

通过对本专业毕业生的就业岗位调查结果分析，绝大部分的学生主要从事智能交通系统集成的一线工作。如图 1 所示，本专业毕业生主要从事智能交通系统集成工作占总就业人数的 32.5%，公路收费监控员占 22.3%，安全监控员占 15.8%，智能交通设备营销员占 10.2%，网络管理员占 8.3%，计算机操作员占 5.2%，系统管理员占 3.8%。

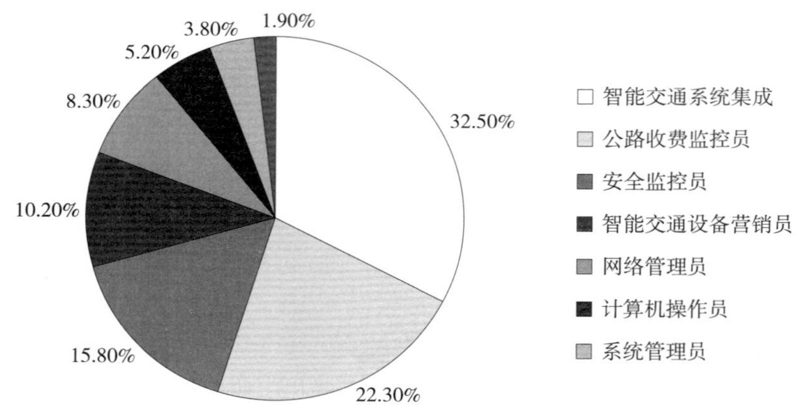

图 1　本专业毕业生就业岗位分布

3. 交通安全与智能控制专业教学情况

交通安全与智能控制专业在课程设置、教材使用、实训条件、师资情况等方面的教学情况如下。

课程设置一般为：高速公路供配电与照明系统设计与应用、高速公路监控系统集成、高速公路隧道机电系统集成、高速公路联网收费系统应用与维护、GPS 原理与应用、交通信号与控制、综合布线、交通工程学、智能控制技术、高速公路运营管理、公路交通安全管理、电气制图与 CAD、电工电子技术、Windows 服务器维护与管理、计算机网络与通信、数据结构等。

使用的教材目前以高速公路机电工程丛书为主，示范性院校精品课程、优质核心课程教材以及自编教材正在编写过程中，将根据“基于工作过程”的设计思路设计并编写完成。

校内实训中心建成了高速公路收费系统实训室、高速公路监控系统实训室、交通安全与车联网控制实训室、综合布线实训室、智能仿真实训机房、校中厂等。开设的实训项目有交通智能控制、自动控制实训、组网与综合布线实训、收费系统实训、监控系统实训、程序设计、数据库管理等。

学院建立了 13 个校外实习基地，承担交通安全与智能控制专业学生的毕业生产实习、专项及综合教学实习的任务。学生在实习基地带薪顶岗，参加生产实践，实践基地对学生实行员工式的管理。

本专业以合作企业为主导，采取“企业聘请、内部培养”的方式，双向交流、重点培养，提高了教学团队的综合素质，优化了师资队伍结构，提高了教师实践教学能力，初步形成了结构合理、专兼结合的教学团队。

六、调研结论

1. 交通安全与智能控制专业培养目标

本专业以培养智能交通建设、管理、服务第一线高端技能型专门人才为根本任务，构建“四段递进、岗位教学、校企一体、工学并进”的人才培养模式，建立专业与行业对接、课程与岗位对接的人才培养方案动态调整机制，推行与行业企业技术标准相适应的“项目导向”教学模式，构建“1122”半工半读、工学结合教学组织模式；开发对应的“双证融通”课程体系；通过双向交流、重点培养，建设专兼结合教学团队；建设三位一体的实习实训基地。通过建设，使本专业成为促进行业企业技术发展的高端技能型人才培养基地，成为区域内同类院校中专业建设和改革的示范基地，成为服务经济社会具有区域影响力的品牌专业。

2. 交通安全与智能控制专业课程设置原则建议

邀请高速公路管理中心、交通科技公司及监理公司的相关技术人员，对高速公路机电系统的安装、使用与维护等工作项目进行工作任务与能力需求分析、课程体系的构建和课程内容的设计。

经过对调研结果的梳理，本专业面向职业岗位所对应的典型二作任务主要有 20 项，具体如表 3 所示。

职业岗位与工作任务分析表 表 3

职业岗位	典型工作任务
计算机操作员	1. 计算机数据录入 2. 计算机文档排版
公路收费监控员； 公路安全监控员； 公路系统管理员	1. 照明系统设计与安装 2. 公路交通安全管理 3. 网络拓扑设计 4. GPS 设备的安装与使用 5. 电子地图制作 6. 网络管理与测试 7. 设备的安装与使用 8. 设备故障分析与排除
智能交通系统集成施工员； 智能交通系统集成管理员； 智能交通设备营销员	1. 设备选型采购 2. 机电系统施工 3. 监控系统方案设计 4. 监控设备安装与配置 5. 监控系统调试 6. 监控系统运行与维护 7. 收费系统方案设计 8. 收费系统安装与配置 9. 收费系统调试 10. 收费系统运行与维护

对典型工作任务进行分析，将其重组为10个行动领域，具体见表4。

典型工作任务与行动领域分析表　　表4

序　号	典型工作任务	行动领域
1	计算机数据录入	中英文打字
2	计算机文档排版	使用Office办公软件
3	照明系统设计与安装	供配电、照明系统
4	公路交通安全管理	道路安全
5	网络拓扑设计	计算机网络拓扑结构
6	GPS设备的安装与使用	定位设备的安装使用
7	电子地图制作	
8	网络管理与测试	网络工程
9	设备的安装与使用	
10	设备故障分析与排除	
11	设备选型采购	机电系统
12	机电系统施工	
13	监控系统方案设计	监控系统
14	监控设备安装与配置	
15	监控系统调试	
16	监控系统运行与维护	
17	收费系统方案设计	收费系统
18	收费系统安装与配置	
19	收费系统调试	
20	收费系统运行与维护	

按照职业教育规律和课程建设要求，将10个行动领域转化为9个学习领域，具体如表5所示。

行动领域与学习领域分析表　　表5

行动领域	学习领域(课程)
中英文打字	计算机基础
使用Office办公软件	
供配电、照明系统	高速公路供配电与照明系统设计与应用
道路安全	公路交通安全管理、交通信号与控制、交通工程学
计算机网络拓扑结构	计算机网络与通信
定位设备的安装使用	GPS原理及应用
网络工程	Windows服务器维护与管理、电气制图与CAD、综合布线
机电系统	电工电子技术、高速公路隧道机电系统集成
监控系统	高速公路监控系统集成、智能控制技术
收费系统	高速公路联网收费系统应用与维护、数据系统管理(SQL)

3. 交通安全与智能控制专业教学措施改革建议

变单一"灌输式"为现场教学、案例式教学、讨论启发式教学,采用精讲多练、边讲边练、考练结合等教学方法,增强教学的直观性、针对性和实效性,尤其要加强对实践性教学环节的考核。凡是能在现场组织教学的,绝不在教室用黑板和挂图讲解,而在综合监控中心、实训室等实习实训场地进行教学。教学过程中要让学生主动参与到教学活动中,并逐步放手让学生自主学习,充分激发学生的学习兴趣和学习主动性,提高学习能力,使学生的潜力和创造性得以充分发挥,使学生对所讲述内容有完全的了解和真正的认识,促使学生将所学理论与实践紧密地结合起来。

4. 交通安全与智能控制专业师资与实训条件配置建议

(1)专业师资建设建议

借鉴国外高职院校的"不求所有,但求所用"的师资队伍管理理念,改善交通安全与智能控制专业校内教师队伍的结构,密切校企合作关系,适应社会对人才需求的变化,积极挖掘各企业中有较强理论基础和丰富工作经验的技术骨干,争取让他们参与到交通安全与智能控制专业的专业课程教学中来,设立兼职教师人才储备库,以增强紧缺专业的师资力量;不定期地邀请国内知名院校的著名学者介绍行业的最新动态;请兼职教师参与教学计划与授课计划制订、教材编写、教学内容改革及教科研活动,在兼职教师队伍建设中建立激励机制。

通过政策支持和资金奖励等方法鼓励青年教师以在职攻读形式提高学历;以老带新,通过老教师的传、帮、带,从而提高青年教师的教学能力;开展岗前教育教学理论培训;制订青年教师的三年发展规划,以规划指导个人的发展方向;安排青年教师担任实验、实习、设计指导教师和辅导员,在实践中提高他们的技术应用能力和职业素质。

根据专业发展现状及趋势制订教科研计划,促进社会服务能力的提升,鼓励教师积极参与"车牌照识别"、"车型自动识别"及"城市交通中流量控制"等前沿技术的研究和学习,对于能提交研究成果的教师给予一定奖励。

以专业带头人或骨干教师为主,带领青年教师不定期开展一些专业定位及岗位适应性、交通安全与智能控制专业"双师"结构师资团队建设、专业特色素质教育体系构建及教学方法与手段改革内容等研究。通过研究,促进教师对专业发展、培养目标及教学手段改革的思考,从而使整个教师团队的综合素质不断提高。

(2)专业实训条件配置建议

建设一个智能监控实训中心。中心的建设与校园信息化建设紧密联系,根据"统一平台、统一标准、统一网络"、"集中设备、集中管理、集中应用"的指导思想进行总体规划。智能监控实训中心与校园监控安防系统、信息发布系统、车辆管理系统等系统进行整合,使该实训中心既可完成交通安全与智能控制专业学生实习、实训的教学,又可实现校园道路及楼宇的监控管理。将智能监控实训中心建设成充分体现"在学习中应用、在应用中学习"的特色,专业群各专业共享,集教学、职业技能培训与鉴定和校园管理为一体的校内实训中心。

加强校外校企合作基地建设,在原有校外校企合作基地的基础上,新建规模较大的实习、实训基地,努力将校外校企合作基地建成既能满足学生顶岗实习,又成为本专业教师开展技术开发与服务的产学研基地。

七、问题与思考

根据人才需求的调研情况，在人才培养上重视职业能力的培养，增强学生的岗位适应能力，使学生毕业后能够尽快适应工作。这对于学生和企业同样重要，这样才能更好地满足社会的需要。

为满足对学生职业能力的培养，强化实践技能，与专业的人才培养目标相适应，还需要进一步加强校内外实训基地的建设，尤其是校外实习基地的建立。

学生职业道德和职业素养的培养还需要加强，企业有时候更看重的是一个学生的综合素质，教学内容要兼顾学生的职业发展，同时强调学生的职业道德、职业素养，要求学生踏实肯干、善于协作、善于沟通，且具备自学能力等。

要求全体教师要不断地更新观念，不断学习，才能够使专业教学改革成为可能；同时，专业课程的教材建设也要与课程改革相适应，学校的教师要与社会、企业紧密联系，共同合作，掌握生产对本专业的技能需求，才能够不断地提高专业的人才培养质量。

（执笔人：张春雨）

附件 2：《电气制图与 CAD》课程标准

一、课程定位

本课程定位如表 1 所示。

课程定位表　　表 1

课程名称及编号	电气制图与 CAD，423414
开设学期及学时	第 3 学期，共计 68 学时
课程类型	专业基础学习领域
先导课程	计算机应用基础、电工电子技术
平行课程	高速公路供配电与照明系统设计与应用
后续课程	高速公路机电系统集成、综合布线

二、课程性质

本课程是交通安全与智能控制专业的专业基础课程，其目标是使学生了解电气制图的基本知识，并掌握电气工程制图软件的使用以及用计算机绘制包括印制板在内的电气图制图技能。同时，本课程也是城市轨道交通控制等专业的专业课程。通过学习，学生应达到电气工程师任职资格相应的知识与技能要求。

三、课程设计思路

本课程的设计打破了传统的按照知识体系教授课程的方式，以岗位所需的职业能力为目标，与行业企业合作，采用工作过程导向的课程教学理念，以真实、具体的工作任务构建教学内容。在课程建设中，根据交通安全与智能控制专业和城市轨道交通控制专业人才培养方案,以及专业岗位、专业资格证书的考试进行岗位技能分析。按照情境化课程体系的设计要求和实际岗位的需要开展课程设计。在教学实施过程中,将知识与技能有机融合到任务中,把握学生的认识过程和接受能力的规律,注重对学生综合意识与综合能力的培养,注重对学生实践意识和实践能力的培养。将信息处理技术员认证考试的相关知识和技能融入教学过程,使课程考核与职业技能鉴定挂钩。

四、课程目标

(一)知识目标

(1)了解电气制图的国家标准;
(2)掌握电气图的常用表示方法;
(3)掌握电气图用图形符号;
(4)熟悉电气原理图、印制电路板电气图的识读方法和步骤;
(5)熟悉 ProtelDXP2004 软件的组成和操作环境;
(6)掌握电路原理图、印制电路板的设计和绘制;
(7)明确 PCB 板设计的重要性和基本规则。

(二)能力目标

(1)学会认识电气图用图形符号;
(2)通过手册或网络,能够查找相关的符号、代号;
(3)具有电气识图和绘图的能力;
(4)通过电路的识读,理解电路图的原理;
(5)掌握电气原理图设计、印制电路板设计的基本步骤;
(6)掌握印制电路板设计中导线的操作;
(7)对于复杂的电气原理图,能进行分析,将其模块化,能绘制层次化原理图;
(8)能够创建 PCB 元件,进行线路板查错和仿真。

(三)素质目标

(1)具有可持续发展的能力;
(2)具有团队协作能力;
(3)具有收集和处理信息的能力;
(4)具有获取新知识的能力;
(5)具有综合运用所学知识分析和解决问题的能力;
(6)具有良好的职业道德和敬业精神。

五、课程内容与学习目标

(一)课程内容结构安排

本课程分为防盗设备电路图的识读等 6 个学习情境、电气元件图形符号的判别 22 个工作任务,具体见表 2。

课程内容结构安排一览表 表 2

序号	学习情境	工作任务	参考学时
1	防盗设备电路图的识读	电气元件图形符号的判别	2
		电路图的简化	2
		电路原理图的识读	4
		印制电路板电气图的识读	4
2	典型功放电路的电路原理图的设计	认识 ProtelDXP 2004 原理图编辑器	2
		认识元件及元件库	2
		元件放置、元件属性的编辑、元件的查找	4
		导线的绘制、总线及总线入口的绘制	4
		简单原理图的绘制	4
3	PWM 调制波层次原理图的设计	原理图的层次化与模块化	2
		层次原理图的绘制	4
		PCB 文件的管理	4
		载入元件封装和导入网络表	4
		元件布局	4
		PCB 板布线	4
4	电话监控器印制电路板图的设计	导线的布线技巧与操作	2
		PCB 设计规则与检查	2
		PCB 图的打印输出	2
		PCB 图的报表生成	2
5	单管放大电路仿真	编辑仿真电路原理图	4
		电路仿真类型及参数的设置	2
		执行仿真分析	4
合计			68

(二)课程内容要求(表 3)

课 程 内 容 要 求 表 3

学习情境 1:防盗设备电路图的识读	参考学时:12
学习目标: 1. 了解电气制图的国家标准; 2. 学会认识电气图用图形符号; 3. 通过手册或网络,能够查找相关的符号、代号; 4. 会判别印制电路板电气图的类型; 5. 通过电路图的识读,理解电路图的原理	
学习内容: 1. 电气制图的国家标准; 2. 电气图的常用表示方法; 3. 电气图用图形符号;	

续上表

<table>
<tr><td colspan="2">学习情境1:防盗设备电路图的识读</td><td>参考学时:12</td></tr>
<tr><td colspan="3">4. 电气原理图识读方法和步骤;
5. 印制电路板电气图的分类及其特征;
6. 印制电路板零件图的表示方法;
7. 印制电路板电气图的识读方法</td></tr>
<tr><td>教学资源:
讲义、教案、多媒体课件、实训指导书、任务工单、系统仿真软件、图片、模型、FLASH 动画、规程等
企业资源:
《电气简图用图形符号国家标准汇编》</td><td colspan="2">对学生基础要求:
1. 熟悉电气图的基本知识;
2. 能识别电气图形符号;
3. 具有较好的资料收集、查询能力</td></tr>
<tr><td colspan="2">学习情境2:典型功放电路的电路原理图的设计</td><td>参考学时:16</td></tr>
<tr><td colspan="3">学习目标:
1. 能熟练使用原理图编辑器,并能熟练设置工作界面;
2. 能熟练使用多种方法启动原理图元件库面板,会操作元件,会使用基本绘制工具;
3. 认识元件和元件库,深入理解元件与元件库的关系;
4. 在绘制过程中熟练应用各种元件的放置、编辑;
5. 在绘制过程中熟练应用导线、总线和总线入口的放置与编辑;
6. 对于复杂的电气原理图,能进行分析</td></tr>
<tr><td colspan="3">学习内容:
1. 原理图的设计流程;
2. 原理图编辑器的使用及环境设置;
3. 元件的操作;
4. 基本绘制工具的使用;
5. 报表的生成</td></tr>
<tr><td>教学资源:
讲义、教案、多媒体课件、实训指导书、任务工单、系统仿真软件、图片、模型、FLASH 动画、规程等
企业资源:
《电气简图用图形符号国家标准汇编》</td><td colspan="2">对学生基础要求:
1. 熟练进行计算机基本操作;
2. 能识读电路原理图并进行分析;
3. 具有较好的资料收集、查询能力,分析能力</td></tr>
<tr><td colspan="2">学习情境3:PWM 调制波层次原理图的设计</td><td>参考学时:6</td></tr>
<tr><td colspan="3">学习目标:
1. 理解层次化原理图的概念;
2. 理解层次原理图与普通原理图的区别;
3. 掌握绘制层次化原理图的方法;
4. 对于复杂的电气原理图,能进行分析,将其模块化,能用 ProtelDXP 2004 软件绘制出层次化原理图</td></tr>
<tr><td colspan="3">学习内容:
1. 层次化原理图的概念;
2. 层次化原理图中的电路符号和网络标识符;
3. 层次化原理图的绘制</td></tr>
</table>

续上表

<table>
<tr><td colspan="2">学习情境 3：PWM 调制波层次原理图的设计</td><td>参考学时：6</td></tr>
<tr><td>教学资源：
讲义、教案、多媒体课件、实训指导书、任务工单、系统仿真软件、图片、模型、FLASH 动画、规程等
企业资源：
《电气简图用图形符号国家标准汇编》</td><td colspan="2">对学生基础要求：
1. 熟练进行计算机基本操作；
2. 能识读电路原理图并进行分析；
3. 具有较好的资料收集、查询能力，分析能力</td></tr>
<tr><td colspan="2">学习情境 4：运算放大电路印制电路板图的设计</td><td>参考学时：16</td></tr>
<tr><td colspan="3">学习目标：
1. 明确 PCB 板设计的重要性和基本规则；
2. 掌握 PCB 设计工作界面的基本组成和设置方法；
3. 掌握 PCB 板设计的方法和基本步骤</td></tr>
<tr><td colspan="3">学习内容：
1. 印制电路板的设计流程；
2. 创建 PCB 板；
3. 装载元件库；
4. 印制电路板的使用；
5. 导入元件和网络表；
6. 元件布局；
7. PCB 板布线</td></tr>
<tr><td>教学资源：
讲义、教案、多媒体课件、实训指导书、任务工单、系统仿真软件、图片、模型、FLASH 动画、规程等
企业资源：
《电气简图用图形符号国家标准汇编》</td><td colspan="2">对学生基础要求：
1. 具有熟练操作计算机的能力；
2. 熟悉 ProtelDXP2004 软件的操作环境；
3. 能识读印制电路板电气图；
4. 具有较好的资料收集、查询能力，分析能力</td></tr>
<tr><td colspan="2">学习情境 5：电话监控器印制电路板图的设计</td><td>参考学时：8</td></tr>
<tr><td colspan="3">学习目标：
1. 明确 PCB 板设计的重要性和基本规则；
2. 掌握印制电路板设计中导线的操作；
3. 熟悉 PCB 板图的打印输出与报表的生成方法；
4. 掌握 PCB 板设计方面较深的知识与技能</td></tr>
<tr><td colspan="3">学习内容：
1. 导线的布线技巧与操作；
2. 设计规则与检查；
3. PCB 图的打印输出；
4. PCB 图的报表生成</td></tr>
<tr><td>教学资源：
讲义、教案、多媒体课件、实训指导书、任务工单、系统仿真软件、图片、模型、FLASH 动画、规程等
企业资源：
《电气简图用图形符号国家标准汇编》</td><td colspan="2">对学生基础要求：
1. 具有熟练操作计算机的能力；
2. 熟悉 ProtelDXP 2004 软件的操作环境；
3. 能识读印制电路板电气图；
4. 具有较好的资料收集、查询能力，分析能力</td></tr>
</table>

续上表

<table>
<tr><td>学习情境6:电路仿真</td><td>参考学时:10</td></tr>
<tr><td colspan="2">学习目标:
1. 会辨别元器件是否具有仿真模型,会设置仿真元器件参数;
2. 会调用仿真激励源,并对其进行参数设置;
3. 会选择仿真方式,设置仿真运行环境;
4. 基本能结合电路,对仿真结果进行分析</td></tr>
<tr><td colspan="2">学习内容:
1. 编辑仿真电路原理图;
2. 电路仿真类型及参数的设置;
3. 执行仿真分析</td></tr>
<tr><td>教学资源:
讲义、教案、多媒体课件、实训指导书、任务工单、系统仿真软件、图片、模型、FLASH 动画、规程等
企业资源:
《电气简图用图形符号国家标准汇编》</td><td>对学生基础要求:
1. 掌握原理图的设计流程;
2. 掌握印制电路板的设计流程;
3. 具有较好的资料收集、查询能力,分析能力</td></tr>
</table>

六、课程实施建议

(一)教材及参考资源建议

1. 教材

王著. 电气识图及 CAD 技术[M]. 北京:高等教育出版社,2009.

2. 参考书

[1]邵群涛. 电气制图与电子线路 CAD[M]. 北京:机械工业出版社,2012.

[2]兰建花. 电子电路 CAD 项目化教程[M]. 北京:机械工业出版社,2012.

[3]顾滨. 电子线路设计 ProtelDXP2004[M]. 北京:中国水利水电出版社,2011.

[4]刘钢. ProtelDXP2004 原理图与 PCB 设计[M]. 北京:电子工业出版社,2011.

3. 行业标准

电气简图用图形符号国家标准汇编[S]. 北京:中国标准出版社,2009.

(二)师资条件建议

(1)专任教师:具有高校教师资格证,熟悉电气制图国家标准,具有丰富的电子电路硬件系统设计经验,具备专业的电子制图和 PCB 设计制板知识与经验,具有项目设计能力,具有较强的教科研能力。

(2)兼职教师:具有丰富的实际工作经验,具有中级以上专业技术职务或在职业技能竞赛中获得过奖励,具有较强的教学组织能力。

(三)实验实训条件建议

本课程对实验实训条件有一定要求,具体见表4。

实验实训条件配置建议 表4

实训室名称	主要设备名称	主要实训项目
电气制图与CAD实训室	高配置电脑60台,服务器一台,投影仪一部,电子线路CAD软件	1. 绘制简易声光显示报警器原理图和设计PCB单面板; 2. 绘制流水彩灯原理图和设计PCB单面板; 3. 智力竞赛抢答器电路的绘制及双面板设计; 4. 基于UC3842的开关电源双面板设计; 5. 电子密码锁的设计及实物PCB的制作

(四)教学方法建议

针对具体的教学内容和教学过程,总体采用项目教学法。在具体教学过程中,运用任务引导法、案例法、小组协作学习法等多种方法组织教学,以学生为中心,“做中学、学中做”,让学生人人参与,培养学生团队协作能力和实践动手能力。

(五)教学评价建议

本课程采用过程考核、综合考核等多元性评价,其中过程考核包括学习态度、课程作业,占课程总成绩的40%;综合考核包括期末考试等,占课程总成绩的60%,全面综合评价学生能力。本课程考核办法如表5所示。

课程考核表 表5

考核项目		考核方式	比例	
			分项	总体
过程考核	学习态度	根据课堂教学参与情况,课堂回答问题、出勤情况,由教师综合评定学生的学习态度得分	50%	40%
	课程作业	根据学生完成课后作业、任务工单的情况由教师来评定成绩	50%	
综合考核		结合期末考试、实践考核等综合评定学生成绩	100%	60%
合计				100%

(课程标准制订人:成海涛)

附件3:《高速公路供配电与照明系统设计与应用》课程标准

一、课程定位

课程定位如表1所示。

课程定位表 表1

课程名称及编号	高速公路供配电与照明系统设计与应用,514017
开设学期及学时	第3学期,共计68学时
课程类型	专业核心学习领域
先导课程	电工电子技术
平行课程	交通信号与控制、电气制图与CAD
后续课程	高速公路通信系统集成、高速公路监控系统集成

二、课程性质

本课程是交通安全与智能控制专业的核心课程，其目标是使学生掌握高速公路供配电照明系统设计原理、系统构成和功能，特别针对高速公路道路、桥梁、站区、广场、隧道供配电照明系统的不同特点分别进行学习。内容包括高速公路 10kV 高压供电系统、低压供配电系统、备用电源、线路敷设、供电系统的运行维护与检修、照明系统、防雷接地系统、电能节能等。

三、课程设计思路

按照职业岗位和职业能力培养的要求，本课程将学生职业能力培养的基本规律与课程系统化，与学生专业能力、方法能力和社会能力相结合，形成以企业真实生产项目为载体，以项目导向组织教学，以学生为中心、教师引导、教学做一体的三学结合教学模式，解决学生知识、技能、素质协调发展问题。

本课程在内容组织与安排上遵循学生职业能力培养的基本规律，以施工过程中真实的工作任务及工作过程为载体确定主题学习模块，将教学内容按照施工过程与进度进行序化。通过设置相应的学习情境，先教学生“学中做”，然后再教学生“做中学”，并引入相关的现行职业技能资格标准进行对照，真正做到教、学、做相结合，理论与实践一体化，实现操作知识与课程理论知识的深度融合。

四、课程目标

（一）知识目标

(1)理解高速公路供配电照明系统的功能；
(2)掌握高速公路供配电照明系统各个子系统的设计规范；
(3)掌握高速公路供配电照明系统的施工及管理知识；
(4)掌握高速公路供配电照明系统各个子系统的维护知识。

（二）能力目标

(1)掌握高速公路供配电照明系统各个子系统设计规范；
(2)能管理高速公路供配电照明系统中的任一子系统；
(3)能参与高速公路供配电照明系统的施工或施工管理；
(4)具有查阅资料、手册、行业技术规范的能力；
(5)具备勤劳诚信、善于协作配合、善于沟通交流等职业素养。

（三）素质目标

(1)培养学生的可持续发展的能力；
(2)培养学生与人合作的能力；
(3)利用英文版软件培养学生的外语应用能力；
(4)注重遵章守纪、积极思考、耐心、细致、勇于实践、竞争意识等职业素质的养成。

五、课程内容与学习目标

(一)课程内容结构安排

本课程分为典型供配电系统设计与应用等6个学习情境、收费站供配电系统的使用和维护等26个工作任务,具体见表2。

课程内容结构安排一览表 表2

序号	学习情境	工作任务	参考学时
1	典型供配电系统设计与应用	收费站供配电系统的使用和维护	3
		大型桥梁供配电系统的使用和维护	3
		隧道供配电系统的使用和维护	4
2	高速公路电力电缆设计与应用	架空线路的施工	2
		电缆线路的敷设	2
		电力导线电缆截面选择	2
3	高速公路备用电源设计与应用	UPS电源的使用和维护	2
		柴油发电机组的使用与维护	2
		高速公路备用电源的选择	3
		备用电源的日常维护保养	3
		常见故障排除	4
4	高速公路照明系统设计与应用	高速公路照明设计	2
		高速公路照明设施方案设计	4
		监控机房照明系统设计	2
		照度测量	2
		高速公路照明节能与控制	2
5	高速公路隧道照明系统设计与应用	隧道照明设计	3
		隧道内照明器选择与布设	2
		隧道照明计算	3
		隧道照明的节能措施的选用	2
6	高速公路供配电防雷接地系统设计与应用	高速公路防雷设计	2
		高速公路综合防雷措施的选用	4
		接地方式的选择	3
		接地装置的设计与施工	3
		特殊设备接地方案	2
		接地的电磁兼容性分析	2
合计			68

(二)课程内容要求(表3)

课 程 内 容 要 求　　表3

<table>
<tr><td>学习情境1:典型供配电系统设计与应用</td><td>参考学时:10</td></tr>
<tr><td colspan="2">学习目标:
1. 具备一定的理解、沟通、表达能力;
2. 掌握收费站供配电系统、大型桥梁供配电系统、隧道供配电系统的系统功能;
3. 掌握系统中外设设备的用法</td></tr>
<tr><td colspan="2">学习内容:
1. 收费站供配电系统、大型桥梁供配电系统、隧道供配电系统的系统功能;
2. 各个系统中外设设备的使用</td></tr>
<tr><td>教学资源:
讲义、教案、多媒体课件、实训指导书、任务工单、系统仿真软件、图片、模型、FLASH 动画、规程等
企业资源:
系统维修案例、维修技术标准、操作规程、技术手册等</td><td>对学生基础要求:
1. 具有自主学习的能力;
2. 具有较强的动手能力</td></tr>
<tr><td>学习情境2:高速公路电力电缆设计与应用</td><td>参考学时:6</td></tr>
<tr><td colspan="2">学习目标:
1. 具备一定的理解、沟通、表达能力;
2. 熟悉高速公路电力电缆的构架方式;
3. 学会电力导线截面积的选择</td></tr>
<tr><td colspan="2">学习内容:
1. 架空线路;
2. 电缆线路的敷设;
3. 电力导线电缆截面的选择</td></tr>
<tr><td>教学资源:
讲义、教案、多媒体课件、实训指导书、任务工单、系统仿真软件、图片、模型、FLASH 动画、规程等
企业资源:
系统维修案例、维修技术标准、操作规程、技术手册等</td><td>对学生基础要求:
1. 具有自主学习的能力;
2. 具有较强的动手能力</td></tr>
<tr><td>学习情境3:高速公路备用电源设计与应用</td><td>参考学时:14</td></tr>
<tr><td colspan="2">学习目标:
1. 具备一定的理解、沟通、表达能力;
2. 掌握高速公路备用电源的种类和使用特点</td></tr>
<tr><td colspan="2">学习内容:
1. UPS 电源;
2. 柴油发电机组;
3. 高速公路备用电源的选择;
4. 备用电源的日常维护保养;
5. 常见故障排除</td></tr>
</table>

续上表

<table>
<tr><td>学习情境3:高速公路备用电源设计与应用</td><td>参考学时:14</td></tr>
<tr><td>教学资源:
讲义、教案、多媒体课件、实训指导书、任务工单、系统仿真软件、图片、模型、FLASH动画、规程等
企业资源:
系统维修案例、维修技术标准、操作规程、技术手册等</td><td>对学生基础要求:
1.具有自主学习的能力;
2.具有较强的动手能力</td></tr>
<tr><td>学习情境4:高速公路照明系统设计与应用</td><td>参考学时:12</td></tr>
<tr><td colspan="2">学习目标:
1.具备一定的理解、沟通、表达能力;
2.熟悉高速公路照明系统</td></tr>
<tr><td colspan="2">学习内容:
1.高速公路照明系统设计;
2.高速公路照明设施方案;
3.监控机房照明;
4.照度测量;
5.高速公路照明节能与控制;
6.施工设备的安装维护</td></tr>
<tr><td>教学资源:
讲义、教案、多媒体课件、实训指导书、任务工单、系统仿真软件、图片、模型、FLASH动画、规程等
企业资源:
系统维修案例、维修技术标准、操作规程、技术手册等</td><td>对学生基础要求:
1.具有自主学习的能力;
2.具有较强的动手能力</td></tr>
<tr><td>学习情境5:高速公路隧道照明系统设计与应用</td><td>参考学时:10</td></tr>
<tr><td colspan="2">学习目标:
1.具备一定的理解、沟通、表达能力;
2.熟悉高速公路隧道照明系统</td></tr>
<tr><td colspan="2">学习内容:
1.隧道照明设计及施工;
2.隧道内照明器的选择与布设;
3.隧道照明计算;
4.隧道照明的节能措施</td></tr>
<tr><td>教学资源:
讲义、教案、多媒体课件、实训指导书、任务工单、系统仿真软件、图片、模型、FLASH动画、规程等
企业资源:
系统维修案例、维修技术标准、操作规程、技术手册等</td><td>对学生基础要求:
1.具有自主学习的能力;
2.具有较强的动手能力</td></tr>
</table>

续上表

<table>
<tr><td colspan="2">学习情境6:高速公路供配电防雷接地系统设计与应用</td><td>参考学时:16</td></tr>
<tr><td colspan="3">学习目标:
1. 具备一定的理解、沟通、表达能力;
2. 熟悉高速公路供配电防雷接地系统</td></tr>
<tr><td colspan="3">学习内容:
1. 高速公路防雷设计;
2. 高速公路综合防雷措施;
3. 接地方式的选择;
4. 接地装置设计与施工;
5. 特殊设备接地方式;
6. 接地的电磁兼容性分析</td></tr>
<tr><td>教学资源:
讲义、教案、多媒体课件、实训指导书、任务工单、系统仿真软件、图片、模型、FLASH 动画、规程等
企业资源:
系统维修案例、维修技术标准、操作规程、技术手册等</td><td colspan="2">对学生基础要求:
1. 具有自主学习的能力;
2. 具有较强的动手能力</td></tr>
</table>

六、课程实施建议

(一)教材及参考资源建议

1. 教材

张洋. 高速公路供配电照明系统理论及应用[M]. 北京:电子工业出版社,2003.

2. 参考书

[1]中华人民共和国行业标准. JTG D70—2004　公路隧道设计规范[S]. 北京:人民交通出版社,2004.

[2]中华人民共和国行业标准. JTG /T D71—2004　公路隧道交通工程设计规范[S]. 北京:人民交通出版社,2004.

(二)师资条件建议

(1)专任教师:具有高校教师资格证,具有公路隧道建设施工管理岗位工作经历,精通公路隧道工程施工相关的基本理论与专业知识,具有较强的教科研能力。

(2)兼职教师:具有5年以上公路隧道建设施工管理及相关岗位工作经历,有丰富的实际工作经验,具有中级以上专业技术职务或在职业技能竞赛中获得奖励,具有较强的教学组织能力。

(三)实验实训条件建议

建议按表4配置实验实训条件。

实验实训条件配置表 表4

实训室名称	主要设备名称	主要实训项目
高速公路收费系统实训室 高速公路监控系统实训室 综合布线实训室	1. 监控设备; 2. 通信设备; 3. 收费设备; 4. 电力电缆; 5. UPS、发电机	1. 供配电系统架构; 2. 电力电缆敷设; 3. 备用电源使用维护; 4. 隧道照明系统布设

(四)教学方法建议

针对具体的教学内容和教学过程,总体采用项目教学法。在具体教学过程中,运用任务引导法、案例法、小组协作学习法等多种方法组织教学,以学生为中心,"做中学、学中做",让学生人人参与,培养学生团队协作能力和实践动手能力。

(五)教学评价建议

本课程采用过程考核、综合考核等多元性评价,其中过程考核包括学习态度、课程作业,占课程总成绩的40%;综合考核包括实践考核、小组评价、期中考试、学习总结等,占课程总成绩的60%,全面综合评价学生能力。课程考核参照表5实施。

课 程 考 核 表 表5

考核项目		考核方式	比例	
			分项	总体
过程考核	学习态度	根据课堂教学参与情况,课堂回答问题、出勤情况,由教师综合评定学生的学习态度得分	50%	40%
	课程作业	根据学生完成课后作业、任务工单的情况由教师来评定成绩	50%	
综合考核		结合实践考核、小组评价、期中考试、学习总结等综合评定学生成绩	100%	60%
合计				100%

(课程标准制订人:张智雄)

附件4:《高速公路监控系统集成》课程标准

一、课程定位

本课程定位如表1所示。

课 程 定 位 表 表1

课程名称及编号	高速公路监控系统集成,514002
开设学期及学时	第4学期,共计68学时
课程类型	专业核心学习领域
先导课程	电工电子技术、高速公路供配电与照明系统设计与应用
平行课程	高速公路联网收费系统应用与维护、高速公路通信系统集成
后续课程	智能控制技术、毕业顶岗实习

二、课程性质

本课程是交通安全与智能控制专业的专业核心课程，其目标是培养学生掌握监控系统集成与维护运行领域的核心技能，包括监控系统设备安装、调试以及维护的技术技能，使学生能够胜任高速公路监控系统维护员的岗位。通过学习，学生应达到监控系统集成师和系统集成项目管理工程师任职资格相应的知识与技能要求。

三、课程设计思路

本课程着眼于学生职业能力的培养，围绕职业岗位具体的工作项目开展学习情境设计，使学生通过课程学习具备高速公路监控系统方案设计、设备安装调试以及系统后期维护的综合能力。教学过程中，以学生为主体，教师为主导，通过"任务驱动"的教学方法完成教学内容。通过校企合作、校内实训基地建设等多种途径，采取工学结合、半工半读等形式，充分开发学习资源，给学生提供丰富的实践机会，将学生培养成为技术技能型人才。

四、课程目标

（一）知识目标

（1）了解监控系统集成工作流程的主要工作内容，掌握设备选型的方法；
（2）熟悉典型监控设备的性能指标和技术参数；
（3）熟悉典型监控系统的组织布局及工作原理；
（4）能够根据项目要求设计出高速公路监控系统，并根据实际情况进行系统优化；
（5）熟悉监控系统集成行业标准，掌握设备安装调试，以及故障排除方法。

（二）能力目标

（1）能够读懂站级到省级高速公路监控系统整体设计方案；
（2）能够按照设计好的方案进行现场安装、调试，能够掌握监控系统建设项目进度；
（3）具有站级到省级监控系统的运行维护能力；
（4）能够做站级、路段级监控系统的方案设计；
（5）能够完成典型监控设备的现场操作、故障诊断与恢复；
（6）具有现场组织管理能力及协调能力。

（三）素质目标

（1）培养学生的可持续发展和创新能力；
（2）培养学生与人合作相处、高效沟通的能力；
（3）在安装调试过程中，培养学生遵章守纪、吃苦耐劳、严谨细致、勇于实践、竞争意识等职业素质的养成；
（4）帮助学生体验监控系统集成学习活动中的成功与快乐，使他们认识到知识和技能来源于实践，又服务于社会；

(5)通过教师演示、学生独立动手操作完成项目任务，激发学生的学习兴趣，培养学生科学观察、积极思考、自主探究的习惯，从而使学生达到自主学习、合作学习的目的。

五、课程内容与学习目标

(一)课程内容结构安排

本课程分为简易四路视频监控系统的实现等9个学习情境、视频采集子系统等20个工作任务，具体见表2。

课程内容结构安排一览表　　表2

序号	学习情境	工作任务	参考学时
1	简易四路视频监控系统的实现	能根据原理图在实训室内实现简易(四路切换式)视频监控系统的连线和调通	4
2	收费站级视频监控系统的实现	视频采集子系统	4
		视频传输子系统的实现(通信系统也是)	4
		视频切换及控制台子系统的实现	4
		视频显示子系统的实现	2
		视频存储子系统	4
		通过通信系统远程传输视频到上级	4
		站级视频监控系统招标书	2
3	隧道监控系统特殊部分的实现	照明系统	4
		通风系统	2
		火灾报警、消防控制系统	4
		广播系统	2
		隧道交通诱导与控制策略	2
4	车辆、气象等路面检测子系统的实现	车辆检测子系统	4
		气象监测子系统	4
5	信息发布子系统的实现	可变情报板、可变限速标志	4
6	交通控制子系统的认知	控制策略设计思想及控制方案	2
7	分中心级监控系统的集成	分中心级监控系统总体设计(含房间)	4
8	省级联网监控系统的集成	数字视频系统	4
9	监控新技术应用设想	创新型能力培养	4
合计			68

(二)课程内容要求(表3)

课程内容要求　　表3

学习情境1:简易四路视频监控系统的实现	学时:4
学习内容： 1. 掌握视频监控系统的基本组成、各子系统组成及元器件知识； 2. 能根据原理图在实训室内实现简易(四路切换式)视频监控系统的连线和调通	

续上表

<table>
<tr><td colspan="2">学习情境1:简易四路视频监控系统的实现</td><td>学时:4</td></tr>
<tr><td colspan="3">职业素质培养:
1. 通过分组活动,培养学生团队协作能力;
2. 通过规范文明操作,培养学生良好的职业道德和安全环保意识;
3. 通过小组讨论、上台演讲评述,培养学生与客户的沟通能力</td></tr>
<tr><td colspan="3">教学方法与策略:
教学方法:分组在实训室内实现简易(四路切换式)视频监控系统的连线和调通,即把4个摄像机的视频输出通过4根同轴电缆连接到视频切换器的输入口,把切换器的输出连接到监视器的输入;加电,操作切换器,使监视器屏幕在4个摄像机镜头间切换
策略:1. 集中指导;2. 分组学习</td></tr>
<tr><td>教学资源:
讲义、教案、多媒体课件、实训指导书、任务工单、系统仿真软件、图片、模型、FLASH 动画等
企业资源:
系统维修案例、维修技术标准、操作规程、技术手册等</td><td colspan="2">对学生基础要求:
1. 掌握视频监控系统的基本组成;
2. 通过查阅资料、文献,培养自学能力和获取信息能力;
3. 通过情境化的任务单元活动,具备解决实际问题的能力;
4. 填写任务工作单,制订工作计划,培养工作方法能力</td></tr>
<tr><td colspan="3">对教师的基本要求:
1. 具有高速公路监控系统集成的检测能力,具有相应技能等级;
2. 具有本学科相关理论知识,符合教师要求,有教师资格证;
3. 具有理实一体化教学能力</td></tr>
<tr><td colspan="2">学习情境2:收费站管理所级视频监控系统的实现</td><td>参考学时:24</td></tr>
<tr><td colspan="3">学习内容:
1. 收费亭、公路沿线常用摄像机、防护罩、云台选型、安装、接线;
2. 视频线缆及其接插件、音频线缆及其接插件、控制线缆及其接插件、通信线缆及其接插件、电源线的连接,完成解码器、光端机的选型、安装、接线;
3. 视频矩阵、控制台的选型、连线、调试;
4. 小型电视墙的布局设计、选型、安装调试;
5. 硬盘录像机的选型、连接、操作;
6. 运用视频编码解码器通过通信系统传输视频到上级;
7. 收费站及监控系统总体设计及招标书的起草</td></tr>
<tr><td colspan="3">职业素质培养:
1. 通过监控实训室分组实训活动,培养学生团队协作能力;
2. 通过规范文明操作,培养学生良好的职业道德和安全环保意识;
3. 通过小组讨论、上台演讲评述,培养学生与客户的沟通能力</td></tr>
<tr><td colspan="3">教学方法与策略:
教学方法:1. 任务驱动教学法;2. 小组讨论法;3. 角色扮演法;4. 项目教学法
策略:1. 集中指导;2. 分组学习</td></tr>
</table>

续上表

<table>
<tr><td>学习情境2:收费站管理所级视频监控系统的实现</td><td>参考学时:24</td></tr>
<tr><td>教学资源:
讲义、教案、多媒体课件、实训指导书、任务工单、系统仿真软件、图片、模型、FLASH 动画等
企业资源:
系统维修案例、维修技术标准、操作规程、技术手册等</td><td>对学生基础要求:
1. 摄像头、云台的性能指标、接口;
2. 常用线缆及插接件标准,视频分配器、光端机知识;
3. 视频矩阵、控制台原理、功能、接口、性能指标;
4. 电视墙知识;
5. 硬盘录像机功能、配置、性能指标;
6. 视频编码解码器、通信系统知识;
7. 标书格式、收费站管理所级监控系统知识</td></tr>
<tr><td colspan="2">对教师基本要求:
1. 具有高速公路监控系统集成的检测能力,具有相应技能等级;
2. 具有本学科相关理论知识,符合教师要求,有教师资格证;
3. 具有理实一体化教学能力</td></tr>
<tr><td>学习情境3:隧道监控系统特殊部分的实现</td><td>学时:14</td></tr>
<tr><td colspan="2">学习内容:
1. 识读隧道照明系统图纸,能够完成故障排除、部件更换;
2. 识读隧道通风系统图纸,能够进行通风操作,能够完成简单故障排除和部件更换;
3. 识读隧道火灾报警、消防控制系统图纸,能够完成故障检测与排除;
4. 识读隧道广播系统图纸,能够完成故障检测与排除;
5. 实施隧道内交通事故或灾难情况下的交通诱导预案</td></tr>
<tr><td colspan="2">职业素质培养:
1. 通过隧道现场实习活动,分组讨论隧道灾难情况下的应对方案,培养学生团队协作能力;
2. 通过规范文明操作,培养学生良好的职业道德和安全环保意识;
3. 通过小组讨论、上台演讲评述,培养学生与客户的沟通能力</td></tr>
<tr><td colspan="2">教学方法与策略:
教学方法:1. 任务驱动教学法;2. 小组讨论法;3. 角色扮演法;4. 项目教学法
策略:1. 集中指导;2. 分组学习</td></tr>
<tr><td>教学资源:
讲义、教案、多媒体课件、实训指导书、任务工单、系统仿真软件、图片、模型、FLASH 动画等
企业资源:
系统维修案例、维修技术标准、操作规程、技术手册等</td><td>对学生基础要求:
1. 隧道照明系统电气知识、灯具知识;
2. 隧道通风及通风系统知识;
3. 隧道火灾预警、消防控制系统原理和设备知识;
4. 隧道广播系统原理和设备知识;
5. 交通诱导及灾难应对知识</td></tr>
<tr><td colspan="2">对教师基本要求:
1. 具有高速公路监控系统集成的检测能力,具有相应技能等级;
2. 具有本学科相关理论知识,符合教师要求,有教师资格证;
3. 具有理实一体化教学能力</td></tr>
</table>

续上表

<table>
<tr><td>学习情境4:车辆、气象等检测子系统的实现</td><td>参考学时:8</td></tr>
<tr><td colspan="2">学习内容:
1. 安装调试各种常见车辆检测仪器;
2. 安装各种常见气候检测仪器,尤其是能见度检测仪器、路桥面冰冻监测器</td></tr>
<tr><td colspan="2">职业素质培养:
1. 通过实训室或校外基地完成分组活动,培养学生团队协作能力;
2. 通过规范文明操作,培养学生良好的职业道德和安全环保意识;
3. 通过小组讨论、上台演讲评述,培养学生与客户的沟通能力</td></tr>
<tr><td colspan="2">教学方法与策略:
教学方法:1. 任务驱动教学法;2. 小组讨论法;3. 角色扮演法;4. 项目教学法
策略:1. 集中指导;2. 分组学习</td></tr>
<tr><td>教学资源:
讲义、教案、多媒体课件、实训指导书、任务工单、系统仿真软件、图片、模型、FLASH 动画等
企业资源:
系统维修案例、维修技术标准、操作规程、技术手册等</td><td>对学生基础要求:
1. 掌握车辆检测器的功能、参数、接口知识;
2. 掌握气候检测器的功能、参数、接口知识;
3. 通过情境化的任务单元活动,掌握解决实际问题的能力</td></tr>
<tr><td colspan="2">对教师基本要求:
1. 具有高速公路监控系统集成的检测能力,具有相应技能等级;
2. 具有本学科相关理论知识,符合教师要求,有教师资格证;
3. 具有理实一体化教学能力</td></tr>
<tr><td>学习情境5:信息发布子系统的实现</td><td>参考学时:4</td></tr>
<tr><td colspan="2">学习内容:
1. 可变情报板、可变限速标志的接线;
2. 采用软件发布信息</td></tr>
<tr><td colspan="2">职业素质培养:
1. 通过实训室或校外基地完成分组活动,培养学生团队协作能力;
2. 通过规范文明操作,培养学生良好的职业道德和安全环保意识;
3. 通过小组讨论、上台演讲评述,培养学生与客户的沟通能力</td></tr>
<tr><td colspan="2">教学方法与策略:
教学方法:1. 任务驱动教学法;2. 小组讨论法;3. 角色扮演法;4. 项目教学法
策略:1. 集中指导;2. 分组学习</td></tr>
<tr><td>教学资源:
讲义、教案、多媒体课件、实训指导书、任务工单、系统仿真软件、图片、模型、FLASH 动画等
企业资源:
系统维修案例、维修技术标准、操作规程、技术手册等</td><td>对学生基础要求:
1. 掌握公众信息服务系统原理知识;
2. 通过查阅资料、文献,培养自学能力和获取信息能力;
3. 通过情境化的任务单元活动,掌握解决实际问题的能力;
4. 填写任务工作单,制订工作计划,培养工作方法能力</td></tr>
</table>

续上表

学习情境5:信息发布子系统的实现	参考学时:4
对教师基本要求: 1. 具有高速公路监控系统集成的检测能力,具有相应技能等级; 2. 具有本学科相关理论知识,符合教师要求,有教师资格证; 3. 具有理实一体化教学能力	
学习情境6:交通控制子系统的认知	参考学时:2
学习内容: 1. 交通控制策略知识; 2. 理解并执行交通控制方案	
职业素质培养: 1. 通过某高速路段控制策略案例学习分组活动,培养学生团队协作能力; 2. 通过规范文明操作,培养学生良好的职业道德和安全环保意识; 3. 通过小组讨论、上台演讲评述,培养学生与客户的沟通能力	
教学方法与策略: 教学方法:1. 任务驱动教学法;2. 小组讨论法;3. 角色扮演法;4. 项目教学法 策略:1. 集中指导;2. 分组学习	
教学资源: 讲义、教案、多媒体课件、实训指导书、任务工单、系统仿真软件、图片、模型、FLASH 动画等 企业资源: 系统维修案例、维修技术标准、操作规程、技术手册等	对学生基础要求: 1. 掌握交通控制策略知识; 2. 通过查阅资料、文献,培养自学能力和获取信息能力; 3. 通过情境化的任务单元活动,掌握解决实际问题的能力; 4. 填写任务工作单,制订工作计划,培养工作方法能力
对教师基本要求: 1. 具有高速公路监控系统集成的检测能力,具有相应技能等级; 2. 具有本学科相关理论知识,符合教师要求,有教师资格证; 3. 具有理实一体化教学能力	
学习情境7:分中心级监控系统的集成	参考学时:4
学习内容: 1. 分中心级监控系统总体设计; 2. 读懂图纸	
职业素质培养: 1. 通过学习某实际分中心的设计方案和图纸文件,培养学生团队协作能力; 2. 通过规范文明操作,培养学生良好的职业道德和安全环保意识; 3. 通过小组讨论、上台演讲评述,培养学生与客户的沟通能力	
教学方法与策略: 教学方法:1. 任务驱动教学法;2. 小组讨论法;3. 角色扮演法;4. 项目教学法 策略:1. 集中指导;2. 分组学习	

续上表

<table>
<tr><td>学习情境7:分中心级监控系统的集成</td><td>参考学时:4</td></tr>
<tr><td>教学资源:
讲义、教案、多媒体课件、实训指导书、任务工单、系统仿真软件、图片、模型、FLASH动画等
企业资源:
系统维修案例、维修技术标准、操作规程、技术手册等</td><td>对学生基础要求:
1. 掌握前面项目的知识综合;
2. 通过查阅资料、文献,培养自学能力和获取信息能力;
3. 通过情境化的任务单元活动,掌握解决实际问题的能力;
4. 填写任务工作单,制订工作计划,培养工作方法能力</td></tr>
<tr><td colspan="2">对教师基本要求:
1. 具有高速公路监控系统集成的检测能力,具有相应技能等级;
2. 具有本学科相关理论知识,符合教师要求,有教师资格证;
3. 具有理实一体化教学能力</td></tr>
<tr><td>学习情境8:简易四路视频监控系统的实现</td><td>参考学时:4</td></tr>
<tr><td colspan="2">学习内容:
1. 各分中心级数字视频信号与省中心的连接方案;
2. 读懂图纸</td></tr>
<tr><td colspan="2">职业素质培养:
1. 通过学习省级联网监控标准,到省中心实习,分组学习,培养学生团队协作能力;
2. 通过规范文明操作,培养学生良好的职业道德和安全环保意识;
3. 通过小组讨论、上台演讲评述,培养学生与客户的沟通能力</td></tr>
<tr><td colspan="2">教学方法与策略:
教学方法:1. 任务驱动教学法;2. 小组讨论法;3. 角色扮演法;4. 项目教学法
策略:1. 集中指导;2. 分组学习</td></tr>
<tr><td>教学资源:
讲义、教案、多媒体课件、实训指导书、任务工单、系统仿真软件、图片、模型、FLASH动画等
企业资源:
系统维修案例、维修技术标准、操作规程、技术手册等</td><td>对学生基础要求:
1. 掌握数字视频知识;
2. 通过查阅资料、文献,培养自学能力和获取信息能力;
3. 通过情境化的任务单元活动,掌握解决实际问题的能力;
4. 填写任务工作单,制订工作计划,培养工作方法能力</td></tr>
<tr><td colspan="2">对教师基本要求:
1. 具有高速公路监控系统集成的检测能力,具有相应技能等级;
2. 具有本学科相关理论知识,符合教师要求,有教师资格证;
3. 具有理实一体化教学能力</td></tr>
<tr><td>学习情境9:监控新技术应用设想</td><td>参考学时:4</td></tr>
<tr><td colspan="2">学习内容:
创新性项目学习</td></tr>
</table>

续上表

<table>
<tr><td>学习情境9:监控新技术应用设想</td><td>参考学时:4</td></tr>
<tr><td colspan="2">职业素质培养:
1. 通过创新性项目学习,培养学生团队协作能力;
2. 通过规范文明操作,培养学生良好的职业道德和安全环保意识;
3. 通过小组讨论、上台演讲评述,培养学生与客户的沟通能力</td></tr>
<tr><td colspan="2">教学方法与策略:
教学方法:教师作新技术讲座1次,学生结合在前期项目中的创新教育作技术革新或改进设想,或新技术应用设想,在课堂上分组演讲、讨论
策略:1. 集中指导;2. 分组学习</td></tr>
<tr><td>教学资源:
讲义、教案、多媒体课件、实训指导书、任务工单、系统仿真软件、图片、模型、FLASH动画等
企业资源:
系统维修案例、维修技术标准、操作规程、技术手册等</td><td>对学生基础要求:
1. 通过查阅资料、文献,培养自学能力和获取信息能力;
2. 通过情境化的任务单元活动,掌握解决实际问题的能力;
3. 填写任务工作单,制订工作计划,培养工作方法能力</td></tr>
<tr><td colspan="2">对教师基本要求:
1. 具有高速公路监控系统集成的检测能力,具有相应技能等级;
2. 具有本学科相关理论知识,符合教师要求,有教师资格证;
3. 具有理实一体化教学能力</td></tr>
</table>

六、课程实施建议

(一)教材及参考资源建议

1. 教材

曾耀辉,李冬陵. 高速公路监控系统集成[M]. 北京:人民交通出版社,2010.

2. 参考书

[1]段国钦. 高速公路机电系统运行与维护手册[M]. 北京:人民交通出版社,2015.

[2]陈启美. 高速公路通信收费监控系统构成与发展[M]. 北京:国防工业出版社,2006.

[3]李纲. 高速公路监控系统及交通控制策略研究[D]. 西安:长安大学,2006.

[4]单永欣. 公路隧道交通诱导与控制策略研究[D]. 西安:长安大学,2004.

[5]李咏强. 省域高速公路联网监控系统方案设计[J]. 商品储运与养护,2008(01).

(二)师资条件建议

(1)专任教师:具有高校教师资格证,精通高速公路监控系统相关的基本理论与专业知识,具有较强的教科研能力。

(2)兼职教师:具有5年以上高速公路监控系统管理及相关岗位工作经历,有丰富的实际工作经验,具有中级以上专业技术职务,具有较强的教学组织能力。

(三)实验实训条件建议

本课程实践环节较多,实验实训条件一般应该达到表4的要求。

实验实训条件配置建议 表4

实训室名称	主要设备名称	主要实训项目
高速公路监控系统实训室	高清液晶拼接大屏、大屏拼接矩阵、大屏拼接管理软件、工业级监视器、LED显示器、电视墙、监控中心控制台、交通监控设备操作台、彩色高速球机、彩色日夜两用枪式摄像机(含镜头和室外防护罩)、全方位云台、视频分配器、视频编码解码器、视频矩阵、主控操作键盘、硬盘录像机、工业级液晶监视器、视频监控工作站、网络交换机等	1. 收费站监控系统方案设计; 2. 隧道监控系统方案设计; 3. 按照设计好的方案进行监控系统现场设备安装、调试; 4. 控制建设进度等施工组织; 5. 典型监控设备的现场操作、故障诊断与恢复等各级监控系统的运行维护; 6. 监控系统集成、运行维护的技术管理

(四)教学方法建议

针对具体的教学内容和教学过程,总体采用项目教学法。在具体教学过程中,运用任务引导法、案例法、小组协作学习法等多种方法组织教学,以学生为中心,"做中学、学中做",让学生人人参与,培养学生团队协作能力和实践动手能力。

(五)教学评价建议

本课程采用过程考核、综合考核等多元性评价,其中过程考核包括学习态度、课程作业,占课程总成绩的40%;综合考核包括期末考试等,占课程总成绩的60%,全面综合评价学生能力。课程考核方法建议如表5所示。

课程考核表 表5

考核项目		考核方式	比例	
			分项	总体
过程考核	学习态度	根据课堂教学参与情况,课堂回答问题、出勤情况,由教师综合评定学生的学习态度得分	50%	40%
	课程作业	根据学生完成课后作业、任务工单的情况由教师来评定成绩	50%	
综合考核		结合期末考试、实践考核、技能鉴定等综合评定学生成绩	100%	60%
合计				100%

(课程标准制订人:许伟)

附件5:《高速公路隧道机电系统集成》课程标准

一、课程定位

本课程定位如表1所示。

课 程 定 位 表　　表1

课程名称及编号	高速公路隧道机电系统集成,0212211011
开设学期及学时	第5学期,共计84学时
课程类型	专业核心学习领域
先导课程	电工电子技术、高速公路供配电与照明系统设计与应用
平行课程	高速公路监控系统集成、智能控制技术
后续课程	毕业顶岗实习

二、课程性质

本课程是交通安全与智能控制专业的专业核心课程,其目标是使学生掌握高速公路隧道机电系统技术,包括隧道机电工程的划分、隧道通风系统、隧道照明系统、隧道火灾报警系统与消防、隧道闭路电视监视系统、隧道交通控制系统与交通安全设施、隧道计算机控制系统以及隧道供配电系统。了解交通机电国家规范、标准和相关专业知识,具备必要的隧道机电系统设计、施工、测试、验收的能力。通过学习,学生应达到系统集成项目管理工程师任职资格相应的知识与技能要求。

三、课程设计思路

本课程按照职业岗位和职业能力培养的要求,将学生职业能力培养的基本规律与学习领域系统化,将学生专业能力、方法能力和社会能力相结合,形成以企业真实生产项目为载体,以项目导向组织教学,以学生为中心、教师引导、教学做一体的工学结合教学模式。通过设置相应的学习情境,先教学生“学中做”,然后再教学生“做中学”,并引入相关的现行职业技能资格标准进行对照,真正做到教、学、做相结合,理论与实践一体化,实现操作知识与学习领域理论知识的深度融合。

四、课程目标

(一)知识目标

(1)理解隧道机电工程系统的功能;
(2)掌握隧道机电工程各个子系统的设计规范;
(3)掌握隧道机电工程的施工及管理知识;
(4)掌握隧道机电工程各个子系统的维护知识。

(二)能力目标

(1)掌握隧道机电工程各个子系统的设计规范;

(2)能管理隧道机电工程中的任一子系统；
(3)能参与隧道机电工程的施工或施工管理；
(4)查阅资料、手册、行业技术规范的能力；
(5)具备勤劳诚信、善于协作配合、善于沟通交流等职业素养。

(三)素质目标

(1)培养学生的可持续发展的能力；
(2)培养学生与人合作的能力；
(3)利用英文版软件培养学生的外语应用能力；
(4)注重遵章守纪、积极思考、耐心、细致、勇于实践、竞争意识等职业素质的养成。

五、课程内容与学习目标

(一)课程内容结构安排

本课程分为高速公路隧道监控系统应用维护等5个学习情境、隧道管理站计算机系统集成等20个工作任务，具体见表2。

课程内容结构安排一览表 表2

序号	学习情境	工作任务	参考学时
1	高速公路隧道监控系统应用维护	隧道管理站计算机系统集成	4
		隧道交通控制系统集成	4
		隧道环境检测系统集成	4
		隧道火灾报警系统集成	4
2	高速公路隧道通信系统应用维护	隧道数字程控交换系统集成	4
		隧道紧急电话与广播系统集成	4
		隧道图像数据传输系统集成	6
		隧道光缆电缆工程系统集成	4
3	高速公路隧道辅助系统应用维护	隧道通风设施	4
		隧道防雷设施	4
		隧道供配电设施	4
		隧道消防设施	4
4	高速公路隧道机电系统应用维护	隧道机电系统技术要求	4
		隧道机电系统安全规范	4
		隧道机电系统软件应用	4
		隧道机电系统设备集成	6
5	高速公路隧道照明系统应用维护	隧道照明设计	4
		隧道照明器材选择与布设	4
		隧道照明计算	4
		隧道照明节能	4
合计			84

（二）课程内容要求（表3）

课程内容要求

表3

<table>
<tr><td colspan="2">学习情境1：高速公路隧道监控系统应用维护</td><td>参考学时：16</td></tr>
<tr><td colspan="3">学习目标：
1. 具备一定的理解、沟通、表达能力；
2. 掌握隧道管理站计算机系统、隧道交通控制系统、隧道环境检测系统、隧道火灾报警系统的系统功能；
3. 掌握系统中外设设备的用法</td></tr>
<tr><td colspan="3">学习内容：
1. 隧道管理站计算机系统、隧道交通控制系统、隧道环境检测系统、隧道火灾报警系统的系统功能；
2. 各个系统中外设设备的使用</td></tr>
<tr><td>教学资源：
讲义、教案、多媒体课件、实训指导书、任务工单、系统仿真软件、图片、模型、FLASH 动画等
企业资源：
系统维修案例、维修技术标准、操作规程、技术手册等</td><td colspan="2">对学生基础要求：
1. 具有自主学习的能力；
2. 较强的动手能力</td></tr>
<tr><td colspan="2">学习情境2：高速公路隧道通信系统应用维护</td><td>参考学时：18</td></tr>
<tr><td colspan="3">学习目标：
1. 具备一定的理解、沟通、表达能力；
2. 熟练使用数字程控交换机、紧急电话和广播系统</td></tr>
<tr><td colspan="3">学习内容：
1. 数字程控交换机的功能和配置、电话指令系统；
2. 紧急电话和广播系统的构成、功能及实现原理；
3. 数据及视频传输的方式及原理、图像视频光端机的功能及配置；
4. 光缆及电缆的敷设方式及具体敷设过程中应注意的问题</td></tr>
<tr><td>教学资源：
讲义、教案、多媒体课件、实训指导书、任务工单、系统仿真软件、图片、模型、FLASH 动画等
企业资源：
系统维修案例、维修技术标准、操作规程、技术手册等</td><td colspan="2">对学生基础要求：
1. 具有自主学习的能力；
2. 较强的动手能力</td></tr>
<tr><td colspan="2">学习情境3：高速公路隧道辅助系统应用维护</td><td>参考学时：24</td></tr>
<tr><td colspan="3">学习目标：
1. 具备一定的理解、沟通、表达能力；
2. 掌握高速公路隧道辅助系统</td></tr>
<tr><td colspan="3">学习内容：
1. 通风、照明、消防、供配电设备的选择；
2. 系统方案设计；
3. 安全操作规范和行业标准查询；
4. 计算机网络的配置；
5. 管理计算机、图像计算机的故障分析与排除</td></tr>
</table>

续上表

学习情境3:高速公路隧道辅助系统应用维护	参考学时:24
教学资源: 讲义、教案、多媒体课件、实训指导书、任务工单、系统仿真软件、图片、模型、FLASH动画等 企业资源: 系统维修案例、维修技术标准、操作规程、技术手册等	对学生基础要求: 1. 具有自主学习的能力; 2. 较强的动手能力
学习情境4:高速公路隧道机电系统应用维护	参考学时:24
学习目标: 1. 具备一定的理解、沟通、表达能力; 2. 熟悉高速公路隧道机电系统	
学习内容: 1. 了解国家在隧道机电工程施工方面的相关法律法规; 2. 相关工程术语的缩写; 3. 隧道机电工程中的技术标准和规范; 4. 施工前、中、后期的设备、材料、人员的安全保障; 5. 施工过程中的环境保护问题; 6. 施工中设备的安装维护	
教学资源: 讲义、教案、多媒体课件、实训指导书、任务工单、系统仿真软件、图片、模型、FLASH动画等 企业资源: 系统维修案例、维修技术标准、操作规程、技术手册等	对学生基础要求: 1. 具有自主学习的能力; 2. 较强的动手能力
学习情境5:高速公路隧道照明系统应用维护	参考学时:24
学习目标: 1. 具备一定的理解、沟通、表达能力; 2. 熟悉高速公路隧道照明系统	
学习内容: 1. 隧道照明系统的设计; 2. 隧道照明器材的选择与布设; 3. 了解隧道照明视觉现象; 4. 隧道照明的计算; 5. 掌握隧道照明的节能措施	
教学资源: 讲义、教案、多媒体课件、实训指导书、任务工单、系统仿真软件、图片、模型、FLASH动画等 企业资源: 系统维修案例、维修技术标准、操作规程、技术手册等	对学生基础要求: 1. 具有自主学习的能力; 2. 较强的动手能力

六、课程实施建议

(一)教材及参考资源建议

1. 教材

叶津凌,张智雄. 高速公路隧道机电系统集成[M]. 北京:人民交通出版社股份有限公司,2015.

2. 参考书

[1]中华人民共和国行业标准. JTG D70—2004　公路隧道设计规范[S]. 北京:人民交通出版社,2004.

[2]中华人民共和国行业标准. JTG/T D70/2-01—2014　公路隧道照明设计细则[S]. 北京:人民交通出版社,2014.

[3]中华人民共和国行业标准. JTG/T D70/2-02—2014　公路隧道通风设计细则[S]. 北京:人民交通出版社,2014.

(二)师资条件建议

(1)专任教师:具有高校教师资格证,具有公路隧道建设施工管理岗位工作经历,精通公路隧道工程施工相关的基本理论与专业知识,具有较强的教科研能力。

(2)兼职教师:具有5年以上公路隧道建设施工管理及相关岗位工作经历,有丰富的实际工作经验,具有中级以上专业技术职务或在职业技能竞赛中获得过奖励,具有较强的教学组织能力。

(三)实验实训条件建议

本课程对实训条件的要求如表4所示。

实验实训条件配置建议　　表4

实训室名称	主要设备名称	主要实训项目
隧道机电实训室	1. 高速公路隧道模拟监控系统; 2. 高速公路隧道模拟通信系统; 3. 高速公路隧道模拟照明、通风系统; 4. 高速公路隧道模拟消防监控系统	1. 高速公路隧道监控系统; 2. 高速公路隧道通信系统; 3. 高速公路隧道辅助系统; 4. 高速公路隧道机电系统

(四)教学方法建议

针对具体的教学内容和教学过程,总体采用项目教学法。在具体教学过程中,采用任务引导法、案例法、小组协作学习法等多种方法组织教学,以学生为中心,"做中学、学中做",让学生人人参与,培养学生的团队协作能力和实践动手能力。

(五)教学评价建议

本课程采用过程考核、综合考核等多元性评价,其中过程考核包括学习态度、课程作业,占课程总成绩的40%;综合考核包括期末考试等,占课程总成绩的60%,全面综合评价学生能力。课程考核方法建议如表5所示。

课程考核表 表5

<table>
<tr><th colspan="2" rowspan="2">考核项目</th><th rowspan="2">考核方式</th><th colspan="2">比例</th></tr>
<tr><th>分项</th><th>总体</th></tr>
<tr><td rowspan="2">过程考核</td><td>学习态度</td><td>根据课堂教学参与情况,课堂回答问题、出勤情况,由教师综合评定学生的学习态度得分</td><td>50%</td><td rowspan="2">40%</td></tr>
<tr><td>课程作业</td><td>根据学生完成课后作业、任务工单的情况,由教师来评定成绩</td><td>50%</td></tr>
<tr><td colspan="2">综合考核</td><td>结合期末考试、实践考核等综合评定学生成绩</td><td>100%</td><td>60%</td></tr>
<tr><td colspan="4">合计</td><td>100%</td></tr>
</table>

(课程标准制订人:张飞)

附件6:《高速公路联网收费系统应用与维护》课程标准

一、课程定位

本课程定位如表1所示。

课程定位表 表1

课程名称及编号	高速公路联网收费系统应用与维护,20140327002
开设学期及学时	第5学期,共计84学时
课程类型	专业核心学习领域
先导课程	计算机网络与通信、交通信号与控制
平行课程	高速公路监控系统集成、GPS原理与应用、综合布线
后续课程	毕业顶岗实习

二、课程性质

本课程是交通安全与智能控制专业的专业核心课程,其目标是使学生掌握高速公路联网收费系统的建设、使用、维护管理技术,了解相关的国家规范、标准和相关专业知识,具备必要的高速公路联网收费系统设计、施工、测试、验收的能力。通过学习,为学生就业于高速公路管理公司、联网收费系统建设单位,以及相关设备的生产企业打下良好的专业知识与专业技能基础。

三、课程设计思路

本课程以学习领域教学目标和交通安全与智能控制专业人才培养计划的需要,以及就业导向与企业岗位工作要求为依据进行学习领域教学内容的制定和设计。在内容设计中,充分体现任务引领、实践导向学习领域思想,将教学活动分解设计成若干项目,即以系统设计任务为项目案例,按设计流程中的方案选择与论证、设备选用与环境规划、系统集成、调试、验收、故障分析与维护的顺序设计教学内容与顺序,将理论基础知识融入各设计步骤中。使学生在完成各个项目训练的过程中逐渐展开对专业知识、技能的理解和应用,掌握方法与思路,积累工程项目设计经验,培养学生的综合职业能力,满足学生职业生涯发展的需要。

四、课程目标

（一）知识目标

（1）了解收费系统集成工作流程的主要工作内容；
（2）掌握收费系统设备选型的方法；
（3）熟悉典型收费设备的性能指标和技术参数；
（4）熟悉典型收费系统的组织布局及工作原理；
（5）熟悉各种收费系统主要设备的组成与作用；
（6）掌握收费系统各类设备的操作方法；
（7）掌握交通工程和安全生产的相关基本知识；
（8）熟悉公路交通相关的法律、法规知识；
（9）熟悉收费资源规划管理的内容；
（10）掌握电子不停车收费方法；
（11）熟悉系统参数管理的内容；
（12）掌握数据统计、通行费拆分、清算、处理、存储的方法；
（13）掌握信息查询、检索、操作权限管理方法；
（14）掌握 IC 通行卡、票据等的管理；
（15）掌握特殊事件车道图像管理；
（16）掌握非现金支付的收费方法。

（二）能力目标

（1）能读懂高速公路省收费中心收费系统整体设计方案；
（2）能从事高速公路路段收费分中心收费系统的方案设计；
（3）能从事高速公路收费站收费系统的方案设计；
（4）能按照设计好的方案进行收费系统现场设备安装、调试；
（5）具有控制建设进度等施工组织能力；
（6）能完成典型收费设备的现场操作、故障诊断与恢复，具有各级收费系统的运行维护能力；
（7）能进行收费系统集成、运行维护的技术管理，具有现场处理问题能力、组织管理能力及协调能力；
（8）具有对本路段内流通的通行卡和票据进行调配、查询与管理的能力；
（9）具有维护系统、网络安全，杜绝所有未经授权访问的能力；
（10）具有定期或不定期进行数据管理和备份的能力；
（11）具有统计、检索、打印报表的能力；
（12）具有路段内车道收费情况实时监督的能力；
（13）具有路段内收费情况事后稽查与图像审核的能力。

（三）素质目标

（1）培养自我学习能力，事先处理问题的能力，分析和解决问题的能力，交往、管理和协

调能力,接受和处理新信息的能力及思辨能力;

(2)增强组织纪律性、安全意识、质量意识、团队合作精神和对团队负责的意识;

(3)培养学生施工逻辑分析能力;

(4)培养学生自主学习的能力;

(5)培养学生的吃苦耐劳的品质。

五、课程内容与学习目标

(一)课程内容结构安排

本课程分为收费车道控制设备应用维护等5个学习情境、车道控制设备认知等14个工作任务,具体见表2。

课程内容结构安排一览表 表2

序号	学习情境	工作任务	参考学时
1	收费车道控制设备应用维护	车道控制设备认知	6
		车道控制设备日常维护	6
		车道控制设备常见故障解决	6
2	收费计算机网络应用维护	收费计算机拓扑联网	6
		收费计算机网络设备应用	6
		收费计算机常见故障解决	6
3	收费闭路设备应用维护	收费闭路电视使用	6
		收费闭路电视日常维护	6
		收费闭路设备常见故障解决	5
4	不停车收费设备应用维护	不停车收费车道设备应用	6
		不停车收费常用操作	7
		不停车收费车道常见故障解决	6
5	收费附属设施应用维护	收费附属设施的使用	6
		收费附属设施的维护与故障解决	6
合计			84

(二)课程内容要求(表3)

课 程 内 容 要 求 表3

学习情境1:收费车道控制设备应用维护	学时:18
学习内容: 1. 掌握利用面板指示灯状态对车道设备控制器进行维护和故障检修; 2. 能够对票据打印机进行日常维护和故障分析; 3. 学会检查车辆检测线圈的表面状态; 4. 学会检查信号灯的线缆接头情况; 5. 能够解决字符叠加器出现乱字符的故障; 6. 学会更换闪光报警装置	

续上表

学习情境1:收费车道控制设备应用维护	学时:18
职业素质培养: 1. 通过分组活动,培养团队协作能力; 2. 通过规范文明操作,培养良好的职业道德和安全环保意识; 3. 通过小组讨论、上台演讲评述,培养与客户的沟通能力	
教学方法与策略: 教学方法:1. 任务驱动教学法;2. 小组讨论法;3. 角色扮演法;4. 项目教学法 策略:1. 集中指导;2. 分组学习	
教学资源: 讲义、教案、多媒体课件、实训指导书、任务工单、系统仿真软件、图片、模型、FLASH 动画等 企业资源: 系统维修案例、维修技术标准、操作规程、技术手册等	对学生基础要求: 1. 通过查阅资料、文献,培养自学能力和获取信息能力; 2. 通过情境化的任务单元活动,掌握解决实际问题的能力; 3. 填写任务工作单,制订工作计划,培养工作方法能力; 4. 能独立使用各种媒体完成学习任务
对教师基本要求: 1. 具有收费车道控制设备的检测能力,具有相应技能等级; 2. 具有本学科相关理论知识,符合教师要求,有教师资格证; 3. 具有理实一体化教学能力	
学习情境2:收费计算机网络应用维护	学时:18
学习内容: 1. 掌握利用网络拓扑结构配置收费计算机网络; 2. 能够对收费计算机网络中的主机设备、外设和网络设备进行配置与维护; 3. 学会为主机设备配置软件系统; 4. 能够对收费站服务器系统出现的故障进行检测和排除; 5. 能够解决中心双机热备份系统中磁盘阵列柜报警的故障; 6. 能够对管理计算机出现的操作无反应故障进行排除; 7. 掌握图像计算机不能访问的故障检修方法; 8. 能够对收费计算机网络访问速度缓慢问题进行故障检测和排除; 9. 了解各级计算机系统输出的报表	
职业素质培养: 1. 通过分组活动,培养团队协作能力; 2. 通过规范文明操作,培养良好的职业道德和安全环保意识; 3. 通过小组讨论、上台演讲评述,培养与客户的沟通能力	
教学方法与策略: 教学方法:1. 任务驱动教学法;2. 小组讨论法;3. 角色扮演法;4. 项目教学法 策略:1. 集中指导;2. 分组学习	

续上表

<table>
<tr><td colspan="2">学习情境2:收费计算机网络应用维护</td><td>学时:18</td></tr>
<tr><td>教学资源:
讲义、教案、多媒体课件、实训指导书、任务工单、系统仿真软件、图片、模型、FLASH动画等
企业资源:
系统维修案例、维修技术标准、操作规程、技术手册等</td><td colspan="2">对学生基础要求:
1.通过查阅资料、文献,培养自学能力和获取信息能力;
2.通过情境化的任务单元活动,掌握解决实际问题的能力;
3.填写任务工作单,制订工作计划,培养工作方法能力;
4.能独立使用各种媒体完成学习任务</td></tr>
<tr><td colspan="3">对教师基本要求:
1.具有收费计算机网络的检测能力,具有相应技能等级;
2.具有本学科相关理论知识,符合教师要求,有教师资格证;
3.具有理实一体化教学能力</td></tr>
<tr><td colspan="2">学习情境3:收费闭路设备应用维护</td><td>学时:19</td></tr>
<tr><td colspan="3">学习内容:
1.能够对前端、视频传输和视频存储设备进行识别、选型和调试;
2.能够独立实现闭路电视系统功能——视频切换、图片抓拍、视频和图片存储、视频浏览;
3.掌握广场摄像机、车道摄像机、室内遥控摄像机、多模光端机、路音频复用光端机、视频控制矩阵和数字硬盘录像机等设备的工作原理及日常维护,并能解决常见故障</td></tr>
<tr><td colspan="3">职业素质培养:
1.通过分组活动,培养团队协作能力;
2.通过规范文明操作,培养良好的职业道德和安全环保意识;
3.通过小组讨论、上台演讲评述,培养与客户的沟通能力</td></tr>
<tr><td colspan="3">教学方法与策略:
教学方法:1.任务驱动教学法;2.小组讨论法;3.角色扮演法;4.项目教学法
策略:1.集中指导;2.分组学习</td></tr>
<tr><td>教学资源:
讲义、教案、多媒体课件、实训指导书、任务工单、系统仿真软件、图片、模型、FLASH动画等
企业资源:
系统维修案例、维修技术标准、操作规程、技术手册等</td><td colspan="2">对学生基础要求:
1.通过查阅资料、文献,培养自学能力和获取信息能力;
2.通过情境化的任务单元活动,掌握解决实际问题的能力;
3.填写任务工作单,制订工作计划,培养工作方法能力;
4.能独立使用各种媒体完成学习任务</td></tr>
<tr><td colspan="3">对教师基本要求:
1.具有收费闭路设备的检测能力,具有相应技能等级;
2.具有本学科相关理论知识,符合教师要求,有教师资格证;
3.具有理实一体化教学能力</td></tr>
</table>

续上表

<table>
<tr><td colspan="2">学习情境4:不停车收费设备应用维护</td><td>学时:19</td></tr>
<tr><td colspan="3">学习内容:
1. ETC 系统启动、关闭;
2. ETC 和 MTC 的切换;
3. 不停车收费设备日常维护保养;
4. ETC 车道特情处理;
5. ETC 车道中常见问题处理</td></tr>
<tr><td colspan="3">职业素质培养:
1. 通过分组活动,培养团队协作能力;
2. 通过规范文明操作,培养良好的职业道德和安全环保意识;
3. 通过小组讨论、上台演讲评述,培养与客户的沟通能力</td></tr>
<tr><td colspan="3">教学方法与策略:
教学方法:1. 任务驱动教学法;2. 小组讨论法;3. 角色扮演法;4. 项目教学法
策略:1. 集中指导;2. 分组学习</td></tr>
<tr><td>教学资源:
讲义、教案、多媒体课件、实训指导书、任务工单、系统仿真软件、图片、模型、FLASH 动画等
企业资源:
系统维修案例、维修技术标准、操作规程、技术手册等</td><td colspan="2">对学生基础要求:
1. 通过查阅资料、文献,培养自学能力和获取信息能力;
2. 通过情境化的任务单元活动,掌握解决实际问题的能力;
3. 填写任务工作单,制订工作计划,培养工作方法能力;
4. 能独立使用各种媒体完成学习任务</td></tr>
<tr><td colspan="3">对教师基本要求:
1. 具有不停车收费设备的检测能力,具有相应技能等级;
2. 具有本学科相关理论知识,符合教师要求,有教师资格证;
3. 具有理实一体化教学能力</td></tr>
<tr><td colspan="2">学习情境5:收费附属设施应用维护</td><td>学时:12</td></tr>
<tr><td colspan="3">学习内容:
1. 能够掌握传输介质、不间断电源和稳压电源等设备的工作原理和技术参数;
2. 能够对不间断电源和配电箱等主要设备进行日常保养和维护;
3. 掌握不断间电源、配电箱和稳压器主要设备常见故障解决办法</td></tr>
<tr><td colspan="3">职业素质培养:
1. 通过分组活动,培养团队协作能力;
2. 通过规范文明操作,培养良好的职业道德和安全环保意识;
3. 通过小组讨论、上台演讲评述,培养与客户的沟通能力</td></tr>
<tr><td colspan="3">教学方法与策略:
教学方法:1. 任务驱动教学法;2. 小组讨论法;3. 角色扮演法;4. 项目教学法
策略:1. 集中指导;2. 分组学习</td></tr>
</table>

续上表

<table>
<tr><td>学习情境5:收费附属设施应用维护</td><td>学时:12</td></tr>
<tr><td>教学资源:
讲义、教案、多媒体课件、实训指导书、任务工单、系统仿真软件、图片、模型、FLASH动画等
企业资源:
系统维修案例、维修技术标准、操作规程、技术手册等</td><td>对学生基础要求:
1.通过查阅资料、文献,培养自学能力和获取信息能力;
2.通过情境化的任务单元活动,掌握解决实际问题的能力;
3.填写任务工作单,制订工作计划,培养工作方法能力;
4.能独立使用各种媒体完成学习任务</td></tr>
<tr><td colspan="2">对教师基本要求:
1.具有收费附属设施的检测能力,具有相应技能等级;
2.具有本学科相关理论知识,符合教师要求,有教师资格证;
3.具有理实一体化教学能力</td></tr>
</table>

六、课程实施建议

(一)教材及参考资源建议

1.教材

[1]张春雨,李小伍.高速公路联网收费系统应用与维护[M].北京:人民交通出版社股份有限公司,2015.

[2]田杰.车辆通行费收费实务[M].北京:人民交通出版社,2010.

2.参考书

[1]陈斌.高速公路联网收费系统及其应用[M].成都:西南交大出版社,2007.

[2]郭敏.高速公路收费系统[M].北京:人民交通出版社,2002.

[3]许宏科.高速公路收费系统理论及应用[M].北京:电子工业出版社,2003.

(二)师资条件建议

(1)专任教师:具有高校教师资格证,精通高速公路联网收费系统相关的基本理论与专业知识,具有较强的教科研能力。

(2)兼职教师:具有5年以上高速公路联网收费系统管理及相关岗位工作经历,有丰富的实际工作经验,具有中级以上专业技术职务,具有较强的教学组织能力。

(三)实验实训条件建议

本课程对实验实训条件的要求如表4所示。

实验实训条件配置建议　　表4

实训室名称	主要设备名称	主要实训项目
高速公路联网收费模拟实训室	1.半自动收费模拟系统; 2.计重收费模拟系统; 3.不停车收费模拟系统	1.半自动联网收费系统集成方案设计; 2.计重收费系统集成方案设计; 3.不停车收费系统集成方案设计

（四）教学方法建议

针对具体的教学内容和教学过程，总体采用项目教学法。在具体教学过程中，采用任务引导法、案例法、小组协作学习法等多种方法组织教学，以学生为中心，“做中学、学中做”，让学生人人参与，培养学生团队协作能力和实践动手能力。

（五）教学评价建议

本课程采用过程考核、综合考核等多元性评价，其中过程考核包括学习态度、课程作业，占课程总成绩的40%；综合考核包括期末考试等，占课程总成绩的60%，全面综合评价学生能力。课程的考核办法如表5所示。

课程考核表　　表5

考核项目		考核方式	比例	
			分项	总体
过程考核	学习态度	根据课堂教学参与情况，课堂回答问题、出勤情况，由教师综合评定学生的学习态度得分	50%	40%
	课程作业	根据学生完成课后作业、任务工单的情况由教师来评定成绩	50%	
综合考核		结合期末考试、实践考核、技能鉴定等综合评定学生成绩	100%	60%
合计				100%

（课程标准制订人：刘造新）

附件7：《GPS原理与应用》课程标准

一、课程定位

本课程定位如表1所示。

课程定位表　　表1

课程名称及编号	GPS原理与应用，514020
开设学期及学时	第4学期，共计68学时
课程类型	专业核心学习领域
先导课程	交通信号与控制、高速公路供配电与照明系统设计与应用
平行课程	高速公路监控系统集成、综合布线
后续课程	高速公路隧道机电系统集成、智能控制技术

二、课程性质

本课程是交通安全与智能控制专业的专业核心课程，其目标是使学生掌握GPS定位原理、GPS 定位的方式方法和 GPS 测量数据的处理与分析等知识和技能，了解一定的 GPS 测量的国家规范、标准和相关专业知识，具备必要的 GPS 在各种工程测量、遥感、导航、地理信息系统、地籍测量和交通管理等方面的能力，培养掌握现代测绘技术和空间地理信息管理与应用的技术技能型人才。

三、课程设计

本课程以职业教育能力培养为目标，通过学校与企业合作共同开发课程。从企业的工作中提取典型工作任务，将课程知识要点与工作任务相结合，形成以项目为导向的学习领域。通过项目的实施使学生掌握 GPS 系统的工作流程和控制网布设，以及 GPS 外业作业和内业作业的具体操作。通过学习，掌握 GPS 的相关技术，提高学生的职业能力，使之成为技术技能型人才。

四、课程目标

（一）知识目标

（1）掌握 GPS 系统的构成及各部分的工作流程；
（2）掌握 GPS 的坐标系统与时间系统的基准；
（3）掌握静态 GPS 控制网布设的方法和特点；
（4）掌握 GPS 外业观测和内业数据处理的技术要求；
（5）掌握 GPS 数据处理软件的界面和操作步骤；
（6）了解美国 GPS 卫星定位系统、GLONASS 定位系统、伽利略卫星定位系统；
（7）了解我国北斗卫星定位系统的应用及发展前景。

（二）能力目标

（1）具备使用通信及导航等辅助工具的能力；
（2）具备理解并使用外文资料的能力；
（3）具备搜集整理资料的能力；
（4）具备制订、实施工作计划的能力；
（5）具备综合分析判断的能力；
（6）能认知各种定位系统；
（7）能制订静态 GPS 定位观测计划；
（8）能进行静态 GPS 外业观测及数据传输；
（9）能进行静态 GPS 测量数据处理及误差分析；
（10）能编写项目技术设计书和技术总结报告书。

（三）素质目标

（1）具有强烈的责任意识、标准意识及安全意识；
（2）具有沟通能力及团队协作精神；
（3）爱岗敬业，团结协作，遵纪守法，热爱劳动。

五、课程内容与学习目标

(一)课程内容结构安排

本课程分为城市 E 级 GPS 控制测量等 5 个学习情境、电气主接线图设计技术交底等 14 个学习任务,具体如表 2 所示。

课程内容结构安排一览表　　表 2

序号	学 习 情 境	工 作 任 务	参考学时
1	城市 E 级 GPS 控制测量	电气主接线图设计技术交底	4
		E 级 GPS 控制网的技术设计	4
2	隧道 D 级 GPS 控制测量	隧道 D 级 GPS 控制网的布设特点和要求	6
		D 级 GPS 控制网的技术设计	6
		D 级 GPS 控制网观测和数据处理	6
		D 级 GPS 控制网技术总结	4
3	线路 C 级 GPS 控制测量	线路 C 级 GPS 控制测量	6
		C 级 GPS 控制网的技术设计	6
		C 级 GPS 控制网观测和数据处理	6
		C 级 GPS 控制网技术总结	4
4	GPS 公共车辆跟踪调度系统应用	GPS 公共车辆跟踪调度系统操控	4
		GPS 公共车辆跟踪调度系统方案设计	4
5	车辆动态监控系统应用	车辆动态监控系统操控	4
		车辆动态监控系统方案设计	4
合计			68

(二)课程内容要求(表 3)

课 程 内 容 要 求　　表 3

学习情境 1:城市 E 级 GPS 控制测量	参考学时:8
学习目标: 1. 能熟知控制测量、测量平差、GPS 测量的关系; 2. 能熟练操作华测、天宝等系列接收机的操作; 3. 能熟练使用各种商用 GPS 数据处理软件	
学习内容: 1. 了解定位系统的种类及其组成; 2. 掌握城市 E 级 GPS 控制网布设的原则和要求; 3. 掌握 GPS 接收机的规范操作流程; 4. 掌握城市中的 GPS“信号盲区”及避开盲区的措施; 5. 掌握如何合理地进行 GPS 测量的作业和调度; 6. 能应用 LGO、TBC 软件处理数据及获取城市控制点坐标的方法; 7. 能够制定 GPS 控制测量技术设计、编写技术总结	

续上表

<table>
<tr><td>学习情境1:城市E级GPS控制测量</td><td>参考学时:8</td></tr>
<tr><td>教学资源:
1. 教学课件、教案、多媒体、GPS接收机、三脚架、对讲机、钢尺、电脑、数据处理软件;
2. 实物、行业标准、工程标书、技术员手册、设备说明书</td><td>对学生基础要求:
1. 应掌握的知识:平面控制测量、高程控制测量、控制网解算;
2. 之前应学习的专业课程:地形测绘、控制测量、测量平差</td></tr>
<tr><td>学习情境2:隧道D级GPS控制测量</td><td>参考学时:22</td></tr>
<tr><td colspan="2">学习目标:
1. 能熟知控制测量、测量平差、GPS测量的关系;
2. 能熟练进行华测、天宝等系列接收机的操作;
3. 能熟练使用各种商用GPS数据处理软件</td></tr>
<tr><td colspan="2">学习内容:
1. 掌握隧道D级GPS控制网的布设特点和要求;
2. 掌握隧道GPS“信号盲区”及避开盲区的措施;
3. 掌握GPS“多路径效应”及避开的措施;
4. 能够合理安排GPS测量的作业和调度;
5. 能应用TGO软件进行数据预处理、基线解算和无约束网平差;
6. 能够制定隧道D级GPS控制测量技术设计、编写技术总结</td></tr>
<tr><td>教学资源:
1. 教学课件、教案、多媒体、GPS接收机、三脚架、对讲机、钢尺、电脑、数据处理软件;
2. 实物、行业标准、工程标书、技术员手册、设备说明书</td><td>对学生基础要求:
1. 应掌握的知识:平面控制测量、高程控制测量、控制网解算;
2. 之前应学习的专业课程:地形测绘、控制测量、测量平差</td></tr>
<tr><td>学习情境3:线路C级GPS控制测量</td><td>参考学时:22</td></tr>
<tr><td colspan="2">学习目标:
1. 能熟知控制测量、测量平差、GPS测量的关系;
2. 能熟练操作华测、天宝等系列接收机的操作;
3. 能熟练使用各种商用GPS数据处理软件</td></tr>
<tr><td colspan="2">学习内容:
1. 掌握线路C级GPS控制网的布设特点和要求;
2. 能够合理进行GPS测量的作业和调度;
3. 能应用LGO或TGO软件处理数据;
4. 能够合理安排GPS测量的作业和调度;
5. 能够制定GPS控制测量技术设计、编写技术总结;
6. 培养规范操作及安全工作的意识</td></tr>
<tr><td>教学资源:
1. 教学课件、教案、多媒体、GPS接收机、三脚架、对讲机、钢尺、电脑、数据处理软件;
2. 实物、行业标准、工程标书、技术员手册、设备说明书</td><td>对学生基础要求:
1. 应掌握的知识:平面控制测量、高程控制测量、控制网解算;
2. 之前应学习的专业课程:地形测绘、控制测量、测量平差</td></tr>
</table>

续上表

<table>
<tr><td>学习情境4:GPS 公共车辆跟踪调度系统应用</td><td>参考学时:8</td></tr>
<tr><td colspan="2">学习目标:
1. 了解 GPS 公共车辆跟踪调度系统国内发展现状;
2. 了解 GPS 公共车辆跟踪调度系统建设目标;
3. 熟悉 GPS 公共车辆跟踪调度系统设计原则</td></tr>
<tr><td colspan="2">学习内容:
1. GPS 公共车辆跟踪调度系统方案设计可行性分析;
2. GPS 公共车辆跟踪调度系统具体设计:通信系统、调度管理系统、GIS 系统、WEB 服务系统、管理调度呼叫中心;
3. 掌握 GPS 公共车辆跟踪调度系统关键技术:GPS 车辆跟踪调度系统各组成部分、GPS 车辆监控调度系统原理、控制中心系统原理、系统功能、公交车管理调度系统</td></tr>
<tr><td>教学资源:
1. 教学课件、教案、多媒体、GPS 接收机、三脚架、对讲机、钢尺、电脑、数据处理软件;
2. 实物、行业标准、工程标书、技术员手册、设备说明书</td><td>对学生基础要求:
1. 应掌握的知识:平面控制测量、高程控制测量、控制网解算;
2. 之前应学习的专业课程:地形测绘、控制测量、测量平差</td></tr>
<tr><td>学习情境5:车辆动态监控系统应用</td><td>参考学时:8</td></tr>
<tr><td colspan="2">学习目标:
1. 了解车辆动态监控系统国内发展现状;
2. 了解车辆动态监控系统建设目标;
3. 熟悉车辆动态监控系统设计原则</td></tr>
<tr><td colspan="2">学习内容:
1. 车辆动态监控系统方案设计可行性分析;
2. 车辆动态监控系统具体设计:功能模块设计、车辆动态跟踪、车辆轨迹回放、车辆信息查询;
3. 掌握车辆动态监控系统关键技术:系统总体构架、GPS 车载终端、通信链路、中心服务器、监控终端</td></tr>
<tr><td>教学资源:
1. 教学课件、教案、多媒体、GPS 接收机、三脚架、对讲机、钢尺、电脑、数据处理软件;
2. 实物、行业标准、工程标书、技术员手册、设备说明书</td><td>对学生基础要求:
1. 应掌握的知识:平面控制测量、高程控制测量、控制网解算;
2. 之前应学习的专业课程:地形测绘、控制测量、测量平差</td></tr>
</table>

六、课程实施建议

(一)教材及参考资源建议

1. 教材

吴学伟,等. GPS 定位技术与应用[M]. 北京:科学出版社,2010.

2. 参考书

[1]周建郑. GPS 测量定位技术[M]. 郑州:黄河水利出版社,2005.

[2]周立. GPS 测量技术[M]. 郑州:黄河水利出版社,2006.

（二）师资条件建议

（1）专任教师：具有高校教师资格证，具有交通智能控制施工管理岗位工作经历，精通交通智能控制施工相关的基本理论与专业知识，具有较强的教科研能力。

（2）兼职教师：具有5年以上交通智能控制施工管理及相关岗位工作经历，有丰富的实际工作经验，具有中级以上专业技术职务或在职业技能竞赛中获得过奖励，具有较强的教学组织能力。

（三）实验实训条件建议

本课程的实验实训条件建议如表4所示。

实验实训条件配置建议 表4

实训室名称	主要设备名称	主要实训项目
GPS实训室	1. 多媒体； 2. GPS接收机； 3. 三脚架； 4. 对讲机； 5. 钢尺； 6. 电脑； 7. 数据处理软件	1. GPS技术设计书的编写； 2. GPS控制网的布设； 3. GPS控制网施测； 4. GPS控制网数据处理

（四）教学方法建议

针对具体的教学内容和教学过程，总体采用项目教学法。在具体教学过程中，采用任务引导法、案例法、小组协作学习法等多种方法组织教学，以学生为中心，“做中学、学中做”，让学生人人参与，培养学生团队协作能力和实践动手能力。

（五）教学评价建议

本课程采用过程考核、综合考核等多元性评价，其中过程考核包括学习态度、课程作业，占课程总成绩的40%；综合考核包括期末考试等，占课程总成绩的60%，全面综合评价学生能力。课程考核办法如表5所示。

课程考核表 表5

考核项目		考核方式	比例	
			分项	总体
过程考核	学习态度	根据课堂教学参与情况，课堂回答问题、出勤情况，由教师综合评定学生的学习态度得分	50%	40%
	课程作业	根据学生完成课后作业、任务工单的情况由教师来评定成绩	50%	
综合考核		结合期末考试、实践考核等综合评定学生成绩	100%	60%
合计				100%

（课程标准制订人：张铮）

附件8:《交通信号与控制》课程标准

一、课程定位

本课程定位如表1所示。

课 程 定 位 表 表1

课程名称及编号	交通信号与控制,514003
开设学期及学时	第3学期,共计68学时
课程类型	专业拓展学习领域
先导课程	计算机网络与通信
平行课程	电气制图与CAD、高速公路供配电与照明系统设计与应用
后续课程	高速公路监控系统集成、高速公路联网收费系统应用与维护

二、课程性质

本课程是交通安全与智能控制专业的专业拓展课程,目的是使学生在掌握交通机电工程技术的同时,掌握一定的交通安全控制和管理方面的知识和技能,拓展其专业知识面和就业适应面。本课程内容涉及交通立法、法律性和行政性的管理措施、工程技术性的管理措施以及信号控制技术等各个方面,也就是实际工作中所谓综合治理的各种治理措施。通过研究道路以及与它们相连土地的规划、几何设计及交通运用,以便使人和物的移动达到安全、高效、快捷、舒适及经济等目的。

三、课程设计思路

本课程以职业能力培养为重点进行模式设计,在课程设计阶段,与交通智能控制企业、事业单位合作共同进行基于工作过程的课程开发与设计。依据高职教育的职业性、实践性和开放性要求重构课程体系,经过实际工作考察论证确定典型工作任务,并通过工作过程分析将行动领域转化为学习领域,最后设计教学项目或学习情境,组织学习任务单元,制定符合岗位需求的以职业能力发展为目的的课程。

四、课程目标

(一)知识目标

(1)掌握交通管理与控制的基本概念、基本方法;
(2)了解交通管理与控制与相关课程之间的关系;
(3)熟悉交通管理与控制的原则和基本内容;
(4)了解交通管理与控制的现状和发展趋势;
(5)熟悉平面交叉口的交通管理方法;
(6)了解单点信号交叉口、城市干线交叉口、区域交通控制系统、高速公路匝道等交通信号设置的依据和方法;

(7)具备在交通管理领域对道路交通流进行指挥、运营管理和控制的基本知识和技能。

(二)能力目标

(1)制订、实施工作计划的能力;
(2)检查、判断能力;
(3)理论知识运用能力。

(三)素质目标

(1)培养学生的沟通能力和团队协作精神;
(2)培养学生分析问题、解决问题的能力;
(3)培养学生勇于创新、爱岗敬业的工作作风;
(4)培养学生的社会责任心。

五、课程内容与学习目标

(一)课程内容结构安排

本课程分为道路交通管理等5个学习情境、典型道路交通管理等14个工作任务,具体见表2。

课程内容结构安排一览表 表2

序号	学习情境	工作任务	参考学时
1	道路交通管理	典型道路交通管理	4
		路口与路段交通管理	4
2	基本道路交通控制	道路交通控制	6
		单点交叉口的信号控制	6
		干道交通信号协调控制	6
		区域交通信号控制	6
3	高速公路干道交通控制	高速公路干道的交通特性和存在问题分析	4
		入口匝道控制	6
		高速公路干道交通控制	6
4	常规信号灯设置	交通信号灯设置	4
		计算信号设置阈值曲线	4
		信号灯设置条件修正	4
		常规信号灯设置判别	4
5	城市智能交通管理与控制	城市智能交通管理与控制系统	4
合计			68

(二)课程内容要求(表3)

课 程 内 容 要 求 表3

<table>
<tr><td>学习情境1:道路交通管理</td><td>参考学时:16</td></tr>
<tr><td colspan="2">学习目标:
1. 了解课程的主要内容、地位和作用,交通信号与控制的目的、意义,现存问题和基本原则,国内外发展现状及今后的发展趋势(新技术和新方法);
2. 了解交通法规、驾驶员管理、车辆管理及检验、车辆运行规则、道路管理、高速公路管理、交通系统与需求管理等内容,以及国外发展状况简介;
3. 具有丰富的提高路口通行能力对策,公共交通优先通行管理的内容等知识</td></tr>
<tr><td colspan="2">学习内容:
1. 课程的主要内容、地位和作用,交通信号与控制的目的、意义,现存问题和基本原则,国内外发展现状及今后的发展趋势(新技术和新方法);
2. 掌握交通管理的基本法规、驾驶员管理、车辆管理、行车管理、行人管理、停车需求管理、单向交通、禁行管理、高速公路管理、交通需求管理;
3. 路口交通管理的原则和方式,平面路口的交通渠化,提高路口通行能力的对策,道路交通标志标线,公共交通优先通行管理</td></tr>
<tr><td>教学资源:
1. 授课计划、讲义或教案、多媒体课件、实训指导书、引导文、检查单、评价表;
2. 操作规程、维修技术标准、施工技术手册等</td><td>对学生基础要求:
1. 拥有交通信号与控制基础知识;
2. 掌握交通法规、驾驶员管理、车辆管理及检验、车辆运行规则、道路管理、高速公路管理、交通系统与需求管理等内容,以及国外发展状况简介;
3. 掌握路口交通管理原则和方式、平面路口的交通渠化、提高路口通行能力对策,道路交通标志标线、公共交通优先通行管理等知识</td></tr>
<tr><td>学习情境2:基本道路交通控制</td><td>参考学时:24</td></tr>
<tr><td colspan="2">学习目标:
1. 具有丰富交通信息采集与处理技术、交通仿真技术在交通管理和控制中的应用知识;
2. 具有丰富的定时信号控制、感应信号控制的原理和方法,单点交叉口配时方案设计,单点交叉口的智能控制的相位、相序及配时优化知识;
3. 具有丰富的干道交通信号协调控制的基本概念、干道交通信号协调控制的现状及发展、干道交通信号协调控制的基本方法、干道交通信号协调控制的联结方法、选用线控系统的依据、干道交通信号的智能协调方法知识;
4. 具有丰富的交通信号控制概念与分类、定时式脱机操作信号控制系统、自适应式联机操作信号控制系统及优化方法知识</td></tr>
<tr><td colspan="2">学习内容:
1. 掌握交通流理论概要、道路通行能力和服务水平概要、交通信息采集与处理技术、交通仿真技术;
2. 掌握交通信号控制的基本概念、信号控制的类型和模式、定时信号控制、感应信号控制、单点交叉口的智能控制、单点交叉口配时方案设计实例分析;
3. 掌握干道交通信号协调控制的基本概念、干道交通信号协调控制的现状及发展、干道交通信号协调控制的基本方法、干道交通信号协调控制的联结方法、选用线控系统的依据、干道交通信号的智能协调方法;
4. 掌握区域交通信号控制的概念与分类、定时式脱机操作信号控制系统、自适应式联机操作信号控制系统及优化方法</td></tr>
</table>

续上表

<table>
<tr><td>学习情境 2:基本道路交通控制</td><td>参考学时:24</td></tr>
<tr><td>教学资源:
1. 授课计划、讲义或教案、多媒体课件、实训指导书、引导文、检查单、评价表;
2. 操作规程、维修技术标准、施工技术手册等</td><td>对学生基础要求:
1. 掌握交通流理论概要、道路通行能力和服务水平概要,交通信息采集与处理技术、交通仿真技术等知识;
2. 掌握交通信号控制的基本概念、信号控制的类型和模式,定时信号控制、感应信号控制,以及单点交叉口的智能控制、单点交叉口配时方案设计实例分析等;
3. 掌握干道交通信号协调控制的基本概念、干道交通信号协调控制的现状及发展、干道交通信号协调控制的基本方法、干道交通信号协调控制的联结方法、选用线控系统的依据、干道交通信号的智能协调方法;
4. 掌握交通信号控制的概念与分类、定时式脱机操作信号控制系统、自适应式联机操作信号控制系统及优化方法知识;拥有网络操作系统的安装、配置、使用能力</td></tr>
<tr><td>学习情境 3:高速公路干道交通控制</td><td>参考学时:16</td></tr>
<tr><td colspan="2">学习目标:
1. 了解高速公路行车规范和要求;
2. 了解高速公路干道交通的特性;
3. 能够分析高速公路干道交通问题并提出解决方案</td></tr>
<tr><td colspan="2">学习内容:
1. 高速公路干道交通的特性;
2. 分析高速公路干道交通存在的问题;
3. 高速公路入口匝道控制;
4. 高速公路干道交通控制</td></tr>
<tr><td>教学资源:
1. 授课计划、讲义或教案、多媒体课件、实训指导书、引导文、检查单、评价表;
2. 操作规程、维修技术标准、施工技术手册等</td><td>对学生基础要求:
1. 拥有交通信号与控制基础知识;
2. 掌握交通法规、驾驶员管理、车辆管理及检验、车辆运行规则、道路管理、高逗公路管理、交通系统与需求管理等内容;
3. 掌握高速公跸交通管理的原则和方式</td></tr>
<tr><td>学习情境 4:常规信号灯设置</td><td>参考学时:12</td></tr>
<tr><td colspan="2">学习目标:
1. 了解交通信号灯设置条件;
2. 掌握无信号控制交叉口车均延误模型、信号控制交叉口车均延误模型;
3. 了解流量阈值曲线知识;
4. 对信号灯设置条件进行定性分析和定量修正</td></tr>
<tr><td colspan="2">学习内容:
1. 交通信号灯设置;
2. 信号设置阈值曲线;
3. 对信号灯设置条件进行修正;
4. 常规信号灯设置流程</td></tr>
</table>

续上表

学习情境4:常规信号灯设置	参考学时:12
教学资源: 1. 授课计划、讲义或教案、多媒体课件、实训指导书、引导文、检查单、评价表; 2. 操作规程、维修技术标准、施工技术手册等	对学生基础要求: 1. 拥有交通信号与控制基础知识; 2. 掌握交通法规、驾驶员管理、车辆管理及检验、车辆运行规则、道路管理、交通系统与需求管理等内容; 3. 掌握路口交通管理原则和方式、平面路口的交通渠化、提高路口通行能力对策、道路交通标志标线、公共交通优先通行管理等知识
学习情境5:城市智能交通管理与控制	参考学时:4
学习目标: 1. 具有丰富的城市智能交通管理系统、路线导航系统、交通信息服务系统,先进的城市公共交通系统、交通拥挤收费系统; 2. 具有综合交通管理系统的基本原理、主要组成及其功能知识	
学习内容: 1. 掌握城市智能交通管理系统; 2. 掌握路线导航系统; 3. 掌握交通信息服务系统; 4. 掌握先进的城市公共交通系统; 5. 掌握交通拥挤收费系统	
教学资源: 1. 授课计划、讲义或教案、多媒体课件、实训指导书、引导文、检查单、评价表; 2. 操作规程、维修技术标准、施工技术手册等	对学生基础要求: 掌握城市智能交通管理系统、路线导航系统、交通信息服务系统、城市公共交通系统、交通拥挤收费系统和综合交通管理系统的基本原理、主要组成及功能

六、课程实施建议

(一)教材及参考资源建议

1. 教材

吴兵. 交通管理与控制[M]. 4版. 北京:人民交通出版社,2009.

2. 参考书

于泉. 城市交通信号控制基础[M]. 北京:冶金工业出版社,2011.

(二)师资条件建议

(1)专任教师:具有高校教师资格证;具有交通智能控制施工管理岗位工作经历;精通交通智能控制施工相关的基本理论与专业知识;具有较强的教科研能力。

(2)兼职教师:具有5年以上交通智能控制施工管理及相关岗位工作经历,有丰富的实际工作经验,具有中级以上专业技术职务或在职业技能竞赛中获得过奖励,具有较强的教学组织能力。

(三)实验实训条件建议

本课程对实验实训条件的要求如表4所示。

实验实训条件配置建议 表4

实训室名称	主要设备名称	主要实训项目
交通信号与控制实训室	1. 信号控制设备； 2. RTMS 交通信息检测设备； 3. Vissim、Synchro、TransCAD 软件系统	1. 信号设备使用； 2. 信号设备检测； 3. 智能交通系统

(四)教学方法建议

针对具体的教学内容和教学过程，总体采用项目教学法。在具体教学过程中，采用任务引导法、案例法、小组协作学习法等多种方法组织教学，以学生为中心，“做中学、学中做”，让学生人人参与，培养学生团队协作能力和实践动手能力。

(五)教学评价建议

本课程采用过程考核、综合考核等多元性评价，其中过程考核包括学习态度、课程作业，占课程总成绩的40%；综合考核包括期末考试等，占课程总成绩的60%，全面综合评价学生能力。本课程教学评价具体建议如表5所示。

课程考核表 表5

考核项目		考核方式	比例	
			分项	总体
过程考核	学习态度	根据课堂教学参与情况，课堂回答问题、出勤情况，由教师综合评定学生的学习态度得分	50%	40%
	课程作业	根据学生完成课后作业、任务工单的情况由教师来评定成绩	50%	
综合考核		结合期末考试、实践考核等综合评定学生成绩	100%	60%
合计				100%

(课程标准制订人：王小龙)

附件9：《综合布线》课程标准

一、课程定位

本课程定位如表1所示。

课程定位表 表1

课程名称及编号	综合布线，510017
开设学期及学时	第4学期，共计68学时
课程类型	专业拓展学习领域
先导课程	交通信号与控制、电气制图与CAD
平行课程	高速公路监控系统集成、GPS原理与应用
后续课程	高速公路隧道机电系统集成、智能控制技术

二、课程性质

本课程是交通安全与智能控制专业的专业拓展课程，其目标是使学生在掌握交通机电工程技术的同时，掌握一定的综合布线国家规范、标准和相关专业知识，具备必要的综合布线系统设计、施工、测试、验收的能力。同时，本课程也是计算机网络技术和城市轨道交通控制等专业的专业课程。通过学习，学生应达到综合布线工程师任职资格相应的知识与技能要求。

三、课程设计思路

本课程立足于职业能力培养，使学生具备综合布线系统需求分析能力、综合布线系统方案设计能力、综合布线系统安装施工能力、综合布线工程项目管理能力和综合布线系统测试验收能力。教学中将《综合布线系统工程设计规范》(GB 50311—2007)、《综合布线系统工程验收规范》(GB 50312—2007)国家标准导入课程之中，根据合作企业的典型系统集成工程，设计学习任务，并以学习任务为知识的载体，实施“教、学、做”一体的教学模式，将网络工程师认证考试的相关知识和技能融入教学过程，课程考核与职业技能鉴定挂钩。

四、课程目标

(一)知识目标

(1)掌握综合布线系统方案的设计规范；
(2)对综合布线任意子系统进行施工；
(3)完成综合布线系统的预算；
(4)在任何工作间完成综合布线工程的施工；
(5)具备勤劳诚信、善于协作配合、善于沟通交流等职业素养。

(二)能力目标

(1)能设计中小型综合布线系统方案；
(2)能绘制各种综合布线图；
(3)会进行综合布线产品选型和材料预算；
(4)能按规范安装管槽路由、设备间、电信间、工作区等综合布线系统环境；
(5)能按规范敷设和端接双绞线和光缆；
(6)能够协调业主和其他相关方面，为施工提供必要的工作面；
(7)能按照国家验收标准完成验收工作。

(三)素质目标

(1)具有强烈的责任意识、质量意识、标准意识、安全意识及环保意识；
(2)具有沟通能力及团队协作精神；
(3)爱岗敬业，团结协作，遵纪守法，热爱劳动。

五、课程内容与学习目标

（一）课程内容结构安排

本课程分为综合布线施工技术交底等5个学习情境、家装弱电工程技术交底等21个工作任务，具体见表2。

课程内容结构安排一览表　　表2

序号	学习情境	工作任务	参考学时
1	综合布线施工技术交底	家装弱电工程技术交底	2
		综合布线工程工具的选择和使用	2
		铜缆的配线端接	4
2	楼宇内综合布线	工作区子系统工程施工	3
		水平子系统工程施工	3
		管理间子系统工程施工	3
		垂直干线子系统工程施工	3
		设备间子系统工程施工	4
		综合布线系统需求分析和设计	6
3	外场区综合布线	楼宇间布线工程施工	4
		光缆端接工程施工	4
		收费岛与收费广场布线工程施工	6
4	综合布线工程概预算与招投标	行业标准概预算编制	4
		国家定额概预算编制	4
		招标管理	2
		投标文件编制	2
5	综合布线工程管理	施工与质量管理	3
		人员管理	2
		安全管理	3
		材料、设备管理	2
		工程验收	2
合计			68

（二）课程内容要求（表3）

课 程 内 容 要 求　　表3

学习情境1：综合布线施工技术交底	参考学时：8
学习目标： 1. 掌握简单综合布线系统的构成和技术要求； 2. 掌握综合布线工具的正确选择和安全使用； 3. 掌握综合布线中铜缆的配线端接技术	

续上表

<table>
<tr><td colspan="2">学习情境1:综合布线施工技术交底</td><td>参考学时:8</td></tr>
<tr><td colspan="3">学习内容:
1. 综合布线工程有系统的发展;
2. 综合布线工具的安全使用;
3. 综合布线中铜缆的配线端接技术以及工作原理</td></tr>
<tr><td>教学资源:
1. 讲义、教案、多媒体课件、规程等;
2. 施工案例、规范规程、施工手册等</td><td colspan="2">对学生基础要求:
1. 对综合布线工程有系统有一定的了解;
2. 具备较好的逻辑思维能力;
3. 具备较好的沟通能力</td></tr>
<tr><td colspan="2">学习情境2:楼宇内综合布线</td><td>参考学时:22</td></tr>
<tr><td colspan="3">学习目标:
1. 工作区子系统工程技术;
2. 水平子系统工程技术;
3. 管理间子系统工程技术;
4. 垂直干线子系统工程技术;
5. 设备间子系统工程技术;
6. 综合布线系统设计原则和步骤</td></tr>
<tr><td colspan="3">学习内容:
1. 工作区子系统工程技术;
2. 水平子系统工程技术;
3. 管理间子系统工程技术;
4. 垂直干线子系统工程技术;
5. 设备间子系统工程技术;
6. 综合布线系统设计原则和步骤</td></tr>
<tr><td>教学资源:
1. 讲义、教案、多媒体课件、图纸、模型等;
2. 施工案例、规范规程、施工手册等</td><td colspan="2">对学生基础要求:
1. 具备计算机基础知识,熟练掌握文字处理能力;
2. 具备较好的逻辑思维能力;
3. 具备较好的沟通能力</td></tr>
<tr><td colspan="2">学习情境3:外场区综合布线</td><td>参考学时:12</td></tr>
<tr><td colspan="3">学习目标:
1. 了解楼宇间综合布线工程技术;
2. 了解光缆端接工程技术;
3. 了解收费岛与收费广场工程技术</td></tr>
<tr><td colspan="3">学习内容:
1. 楼宇间综合布线工程技术;
2. 光缆端接工程技术;
3. 收费岛与收费广场工程技术</td></tr>
</table>

续上表

<table>
<tr><td>学习情境3:外场区综合布线</td><td>参考学时:12</td></tr>
<tr><td>教学资源:
1. 讲义、教案、多媒体课件、图片、规程等;
2. 施工案例、规范规程、施工手册等</td><td>对学生基础要求:
1. 具备计算机基础知识,熟练掌握文字处理能力,动手能力强;
2. 具备较好的逻辑思维能力;
3. 具备较好的沟通能力</td></tr>
<tr><td>学习情境4:综合布线工程概预算与招投标</td><td>参考学时:20</td></tr>
<tr><td colspan="2">学习目标:
1. 了解综合布线工程概预算;
2. 了解综合布线工程招标;
3. 了解综合布线工程投标</td></tr>
<tr><td colspan="2">学习内容:
1. 综合布线工程概预算原理;
2. 综合布线工程招标过程与文件;
3. 综合布线工程投标过程与文件</td></tr>
<tr><td>教学资源:
1. 讲义、教案、多媒体课件、图片等;
2. 施工案例、规范规程、施工手册等</td><td>对学生基础要求:
1. 具备计算机基础知识,熟练掌握文字处理能力;
2. 具备较好的逻辑思维能力;
3. 具备较好的沟通能力</td></tr>
<tr><td>学习情境5:综合布线工程管理</td><td>参考学时:12</td></tr>
<tr><td colspan="2">学习目标:
1. 了解综合布线工程中施工过程管理;
2. 了解综合布线工程中材料设备管理;
3. 了解综合布线工程中人员管理;
4. 了解综合布线工程中质量管理;
5. 了解综合布线工程中安全管理;
6. 了解综合布线工程验收</td></tr>
<tr><td colspan="2">学习内容:
1. 施工过程管理;
2. 材料设备管理;
3. 人员管理;
4. 质量管理;
5. 安全管理;
6. 综合布线工程验收</td></tr>
</table>

续上表

学习情境5:综合布线工程管理	参考学时:12
教学资源: 1. 讲义、教案、多媒体课件、图片等; 2. 施工案例、规范规程、施工手册等	对学生基础要求: 1. 具备计算机基础知识,熟练掌握文字处理能力; 2. 具备较好的逻辑思维能力; 3. 具备较好的沟通能力

六、课程实施建议

(一)教材及参考资源建议

1. 教材

[1]张飞,张铮. 综合布线[M]. 北京:人民交通出版社股份有限公司,2015.

[2]王公儒,等. 网络综合布线系统工程技术实训教程[M]. 2版. 北京:机械工业出版社,2012.

2. 参考书

杜思深. 综合布线[M]. 2版. 北京:清华大学出版社,2010.

(二)师资条件建议

(1)专任教师:具有高校教师资格证,具有城市轨道管理岗位工作经历,精通城市轨道工程施工相关的基本理论与专业知识,具有较强的教科研能力。

(2)兼职教师:具有2年以上城市轨道建设施工管理及相关岗位工作经历,有丰富的实际工作经验,具有中级以上专业技术职务或在职业技能竞赛中获得过奖励,具有较强的教学组织能力。

(三)实验实训条件建议

本课程对实验实训条件的要求如表4所示。

实验实训条件配置建议 表4

实训室名称	主要设备名称	主要实训项目
综合布线实训室	1. 综合布线实训工作间; 2. 监控安防实训设备	1. 综合布线系统各个子系统设计; 2. 提高学生对综合布线工程施工的动手能力

(四)教学方法建议

针对具体的教学内容和教学过程,总体采用项目教学法。在具体教学过程中,采用任务引导法、小组协作学习法等多种方法组织教学,以学生为中心,“做中学、学中做”,让学生人人参与,培养学生的团队协作能力和实践动手能力。

(五)教学评价建议

本课程采用过程考核、综合考核等多元性评价,其中过程考核包括学习态度、课程作业,占课程总成绩的40%;综合考核包括期末考试等,占课程总成绩的60%,全面综合评价学生能力。课程考核要求如表5所示。

课程考核表 表5

考核项目		考核方式	比例	
			分项	总体
过程考核	学习态度	根据课堂教学参与情况，课堂回答问题、出勤情况，由教师综合评定学生的学习态度得分	50%	40%
	课程作业	根据学生完成课后作业、任务工单的情况由教师来评定成绩	50%	
综合考核		结合期末考试、实践考核、技能鉴定等综合评定学生成绩	100%	60%
合计				100%

（课程标准制订人：武国祥）

附件10：《交通工程学》课程标准

一、课程定位

本课程定位如表1所示。

课程定位表 表1

课程名称及编号	交通工程学，513037
开设学期及学时	第5学期，共计56学时
课程类型	专业拓展学习领域
先导课程	计算机网络与通信、交通信号与控制
平行课程	高速公路监控系统集成、GPS原理与应用、综合布线
后续课程	毕业顶岗实习

二、课程性质

本课程为交通安全与智能控制专业的专业拓展课程，目的是使学生在掌握交通工程学的同时，掌握一定的系统工程理论知识和实践技能，拓展其专业知识面和就业适应面。通过本课程的学习，使学生能应用系统工程理论，从综合角度分析问题，提供解决交通问题的途径，为后续专业课程的学习打下必要的基础。

三、课程设计思路

本课程立足于职业能力培养，打破以知识传授为主要特征的传统学科课程模式，转变为以知识运用、案例分析、工作任务为导向的教学模式，让学生在完成具体项目的过程中学习专业知识、掌握操作技能、提升职业素质。学习任务设计以交通流量、交通环境、交通事故等调查为切入口，通过发现问题、提出问题、研究问题来学习知识，并有针对性地引入典型案例、典型工作任务，在案例分析和工作过程中完成课程学习，提升职业能力。

四、课程目标

（一）知识目标

（1）掌握交通特性分析知识；

(2)掌握交通流理论及其应用研究知识；
(3)掌握公路路段和交通中通行能力的计算；
(4)掌握由人、交通设施、交通工具共同构成的交通系统的基本特征调查、分析方法；
(5)掌握交通模型构建基本理论与方法；
(6)掌握交通规划和设计基本理论与方法；
(7)掌握交通系统控制、管理基本理论与方法；
(8)掌握交通系统评价基本理论与方法；
(9)掌握智能交通系统等新交通科技相关的新交通工程理论和技术等。

(二)能力目标

(1)具备分析和解决问题的能力；
(2)具备交通工程学的基本概念、理论、方法和解决交通工程问题的能力；
(3)具有进一步学习其他有关内容和查阅相关资料文献的能力。

(三)素质目标

(1)培养学生的可持续发展的能力；
(2)培养学生与人合作的能力；
(3)培养学生勇于创新、敬业乐业的工作作风；
(4)注重遵章守纪、积极思考、耐心、细致、勇于实践、竞争意识等职业素质的养成。

五、课程内容与学习目标

(一)课程内容结构安排

本课程分交通调查和分析等5个学习情境、交通流要素调查等15个工作任务，具体见表2。

课程内容结构安排一览表 表2

序号	学习情境	工作任务	参考学时
1	交通调查和分析	交通流要素调查	2
		交通环境调查	4
		交通事故调查	4
2	道路通行能力	道路路段通行能力分析	4
		高速公路与匝道连接处的通行能力	4
		交叉口通行能力的分析	4
3	交通规划	对交通需求进行预测	4
		制订交通规划方案的程序	4
		交通规划的总体评价	4
		公路网规划的“总量控制法”的应用	2
4	交通管理与控制	交通需求管理策略的制订	4
		识别道路交通标志和标线	4
		行车管理和交叉口信号的控制	4

续上表

序号	学习情境	工作任务	参考学时
5	交通安全	交通事故调查和分析	4
		交通事故预测与安全评价	4
合计			56

(二)课程内容要求(表3)

课程内容要求 表3

<table>
<tr><td colspan="2">学习情境1:交通调查和分析</td><td>参考学时:10</td></tr>
<tr><td colspan="3">学习目标:
1. 理解交通调查的意义、内容及要求;
2. 理解交通量调查的目的、内容与方法;
3. 掌握行车车速与密度的调查;
4. 掌握行车时间与延误调查;
5. 认识其他交通调查</td></tr>
<tr><td colspan="3">学习内容:
1. 交通流要素调查、交通需求调查、通行能力调查;
2. 交通环境调查、车速调查、延误调查;
3. 交通事故调查</td></tr>
<tr><td>教学资源:
1. 讲义、教案、多媒体课件、实训指导书、规程等;
2. 实训指导书、任务工单等</td><td colspan="2">对学生基础要求:
1. 了解交通调查的目的和意义,熟悉各种不同类型的调查方法;
2. 具备较好的逻辑思维能力,具备良好的与他人沟通和协调的能力</td></tr>
<tr><td colspan="2">学习情境2:道路通行能力</td><td>参考学时:12</td></tr>
<tr><td colspan="3">学习目标:
1. 掌握通行能力的概念;
2. 理解通行能力与交通量之间的区别与联系;
3. 理解道路服务水平的概念及划分标准;
4. 掌握影响通行能力的各种因素;
5. 掌握通行能力的计算方法</td></tr>
<tr><td colspan="3">学习内容:
1. 道路路段通行能力分析;
2. 交织区与匝道通行能力分析;
3. 高速公路与匝道连接处的通行能力分析;
4. 平面交叉口通行能力分析;
5. 自行车车道通行能力分析</td></tr>
</table>

续上表

<table>
<tr><td>学习情境2:道路通行能力</td><td>参考学时:12</td></tr>
<tr><td>教学资源:
1. 讲义、教案、多媒体课件、实训指导书、规程等;
2. 实训指导书、任务工单等</td><td>对学生基础要求:
1. 了解道路通行能力的基本概念;
2. 掌握影响各种通行能力的因素,能够对道路通行能力进行计算;
3. 具备较好的逻辑思维能力,具备良好的与他人沟通和协调的能力</td></tr>
<tr><td>学习情境3:交通规划</td><td>参考学时:14</td></tr>
<tr><td colspan="2">学习目标:
1. 掌握交通规划的概念、目的和意义;
2. 掌握交通规划的发展阶段和过程;
3. 掌握城市道路交通规划中的基础信息调查;
4. 掌握交通发展需求预测;
5. 掌握交通设施体系规范的原则;
6. 掌握交通规划的评估与效益分析</td></tr>
<tr><td colspan="2">学习内容:
1. 对交通需求进行预测;
2. 制订交通规划方案的程序;
3. 交通规划的总体评价;
4. 公路网规划的总量控制法的应用</td></tr>
<tr><td>教学资源:
1. 讲义、教案、多媒体课件、实训指导书、规程等;
2. 实训指导书、任务工单等</td><td>对学生基础要求:
1. 了解交通规划的基本概念;
2. 掌握交通需求预测四阶段模型;
3. 具备较好的逻辑思维能力;
4. 具备良好的与他人沟通和协调的能力</td></tr>
<tr><td>学习情境4:交通管理与控制</td><td>参考学时:12</td></tr>
<tr><td colspan="2">学习目标:
1. 掌握交通管理的目的、分类及策略;
2. 掌握道路交通法规的内容、特点和依据;
3. 掌握道路交通标志的种类、符号和意义;
4. 掌握交通标志的尺寸、视认距离和设置原则;
5. 掌握道路交通标线的含义和类别;
6. 掌握平面交叉口管理;
7. 掌握交通信号设置的依据的控制方法</td></tr>
<tr><td colspan="2">学习内容:
1. 交通需求管理策略的制订;
2. 识别道路交通标志和标线;
3. 道路交通行车管理和交叉口信号的控制</td></tr>
</table>

续上表

<table>
<tr><td>学习情境 4:交通管理与控制</td><td>参考学时:12</td></tr>
<tr><td>教学资源:
1. 讲义、教案、多媒体课件、实训指导书、规程等;
2. 实训指导书、任务工单等</td><td>对学生基础要求:
1. 了解交通管理与控制的基本概念,掌握交通控制的方法;
2. 具备较好的逻辑思维能力,具备良好的与他人沟通和协调的能力</td></tr>
<tr><td>学习情境 5:交通安全</td><td>参考学时:8</td></tr>
<tr><td colspan="2">学习目标:
1. 掌握交通事故的基本概念和分类;
2. 掌握交通事故调查的目的、意义、要求及内容;
3. 掌握交通事故统计的基本方法;
4. 掌握交通事故成因的分析;
5. 理解交通事故预测的含义、要求、类别;
6. 掌握交通安全评价的常用方法;
7. 掌握交通事故预防对策</td></tr>
<tr><td colspan="2">学习内容:
1. 交通事故调查;
2. 交通事故分析;
3. 交通事故预测与安全评价;
4. 交通安全对策与措施</td></tr>
<tr><td>教学资源:
1. 讲义、教案、多媒体课件、实训指导书、规程等;
2. 实训指导书、任务工单等</td><td>对学生基础要求:
1. 了解交通安全的基本概念,能够进行简单的交通事故调查和分析;
2. 具备较好的逻辑思维能力,具备良好的与他人沟通和协调的能力</td></tr>
</table>

六、课程实施建议

(一)教材及参考资源建议

1. 教材

王炜,等. 交通工程学[M].2 版. 南京:东南大学出版社,2011.

2. 参考书

[1]徐吉谦. 交通工程总论[M].北京:人民交通出版社,2002.
[2]李作敏. 交通工程学[M].2 版. 北京:人民交通出版社,2004.
[3]任福田,刘小明,荣建. 交通工程学[M].2 版. 北京:人民交通出版社,2008.
[4]交通工程手册. 北京:人民交通出版社.

(二)师资条件建议

(1)专任教师:具有高校教师资格证,具有交通管理岗位工作经历,精通交通管理相关的基本理论与专业知识，具有较强的教科研能力。

(2)兼职教师：具有3年以上交通管理及相关岗位工作经历，有丰富的实际工作经验，具有中级以上专业技术职务或在职业技能竞赛中获得过奖励，具有较强的教学组织能力。

(三)实验实训条件建议

本课程实践教学环节较多，其中大部分安排在校内实训基地完成，其相应的实训条件配置如表4所示。

实验实训条件配置建议 表4

实训室名称	主要设备名称	主要实训项目
交通安全与车联网控制实训室	1. 多传感器交通流检测试验平台； 2. 城市道路沙盘； 3. 车联网试验平台； 4. 噪声检测仪	1. 交通规划设计； 2. 交通管理与控制； 3. 道路布局与噪声控制
智能仿真实训室	1. 硬件：60台电脑； 2. 软件：MATLAB 7.0； 3. 系统：Windows； 4. 其他：投影仪	1. 交通量调查与分析； 2. 道路通行能力分析

(四)教学方法建议

针对具体的教学内容和教学过程，总体采用项目教学法。在具体教学过程中，采用任务引导法、案例法、小组协作学习法等多种方法组织教学，以学生为中心，“做中学、学中做”，让学生人人参与，培养学生团队协作能力和实践动手能力。

(五)教学评价建议

本课程采用过程考核、综合考核等多元性评价，其中过程考核包括学习态度、课程作业，占课程总成绩的40%；综合考核包括期末考试等，占课程总成绩的60%，全面综合评价学生能力。本课程教学考核办法见表5。

课程考核表 表5

考核项目		考核方式	比例	
			分项	总体
过程考核	学习态度	根据课堂教学参与情况，课堂回答问题、出勤情况，由教师综合评定学生的学习态度得分	50%	40%
	课程作业	根据学生完成课后作业、任务工单的情况由教师来评定成绩	50%	
综合考核		结合期末考试、实践考核等综合评定学生成绩	100%	60%
合计				100%

(课程标准制订人：李霞婷)

附件11:《智能控制技术》课程标准

一、课程定位

本课程定位如表1所示。

课程定位表 表1

课程名称及编号	智能控制技术,514004
开设学期及学时	第5学期,共计84学时
课程类型	专业拓展学习领域
先导课程	GPS应用与原理、高速公路监控系统集成
平行课程	高速公路联网收费系统应用与维护、高速公路隧道机电系统集成
后续课程	毕业顶岗实习

二、课程性质

本课程是交通安全与智能控制专业的专业拓展课程,其目标是使学生在掌握智能控制技术的同时,掌握一定的前沿交叉的新知识和新技术,为适应新技术在交通安全与智能控制领域的应用创新打下必要的基础。自动控制发展的高级阶段,是人工智能、控制论、系统论和信息论等多种学科的高度综合与集成,它是一门新兴的交叉前沿学科。通过本课程的学习,使学生系统地掌握智能控制技术的基本概念和基本内容,具备应用计算机技术模拟智能、实现智能的能力。通过学习本课程,使学生具备学习后续相关课程的能力。

三、课程设计思路

本课程以职业教育培养为目标,与合作企业提炼智能控制行业岗位的典型工作任务,并分析得到具体的工作项目。以项目为导向重新组织课程的编排,构成相应的学习情境。课程内容突出对学生职业能力的训练,理论知识的选取紧紧围绕工作任务完成的需要来进行,同时又充分考虑了高等职业教育对理论知识学习的需要。通过学习,使学生掌握智能控制、遗传算法、神经网络控制、模糊控制、专家控制等系统的应用,提高学生的职业能力和职业素养,为顶岗实习和就业奠定基础。

四、课程目标

(一)知识目标

(1)掌握智能控制的基本概念、系统特征及性能、类型;
(2)掌握知识的基本概念、表示方法、获取和处理;
(3)掌握神经网络的基本概念、感知器、BP网络;
(4)掌握模糊控制的基本概念,模糊系统的特点、工作原理及设计要求。

(二)能力目标

(1)具备使用计算机仿真模拟软件MATLAB的能力;

(2)具备应用计算机软件模拟智能和实现智能的能力。

(三)素质目标

(1)培养学生的可持续发展的能力;
(2)培养学生与人合作的能力;
(3)利用英文版软件培养学生的外语应用能力;
(4)注重遵章守纪、积极思考、耐心、细致、勇于实践、竞争意识等职业素质的养成。

五、课程内容与学习目标

(一)课程内容结构安排

本课程分智能控制实现等5个学习情境、智能控制系统认知等10个工作任务,具体见表2。

课程内容结构安排一览表　　表2

序号	学习情境	工作任务	参考学时
1	智能控制实现	智能控制系统认知	8
		知识的表示获取与处理	8
2	遗传算法应用	遗传算法理论与操作	8
		遗传算法工具箱的应用	10
3	神经网络控制实现	神经网络控制理论与操作	8
		神经网络工具箱的应用	10
4	模糊控制实现	模糊控制理论与设计	8
		模糊控制工具箱的应用	8
5	专家控制系统实现	专家控制系统的设计	8
		专家控制系统实现	8
合计			84

(二)课程内容要求(表3)

课程内容要求　　表3

学习情境1:智能控制实现	参考学时:16
学习目标: 1. 了解智能和智能控制系统的基本概念; 2. 掌握MATLAB语言的基本使用方法; 3. 具备较好的逻辑思维能力; 4. 具备良好的与他人沟通和协调的能力	
学习内容: 1. 智能控制的基本概念; 2. 智能控制系统的特征和性能; 3. 智能控制系统的类型与发展概况;	

续上表

学习情境1:智能控制实现	参考学时:16
4. 知识的基本概念与各种表示方法; 5. 知识的获取与处理; 6. MATLAB 安装与用户界面; 7. MATLAB 的基本使用方法	
教学资源: 讲义或教案、多媒体课件、实训指导书、任务工单、学习情境授课计划、MATLAB 软件等	对学生基础要求: 掌握智能控制与知识的基本概念,熟悉 MATLAB 用户界面与基本使用
学习情境2:遗传算法应用	参考学时:22
学习目标: 1. 了解遗传算法的基本概念; 2. 掌握 MATLAB 语言的基本使用方法和程序设计基本结构; 3. 具备较好的逻辑思维能力; 4. 具备良好的与他人沟通和协调的能力	
学习内容: 1. 遗传算法的基本概念; 2. 遗传算法的特点及基本操作; 3. 遗传算法的理论基础与实现; 4. MATLAB 多项式、关系与逻辑运算; 5. MATLAB 程序设计方法; 6. MATLAB 遗传算法工具箱的使用	
教学资源: 1. 讲义或教案、多媒体课件、实训指导书、任务工单、学习情境授课计划、MATLAB 遗传算法工具箱等; 2. 施工案例、规范规程、施工手册等	对学生基础要求: 掌握遗传算法的基本概念和基本操作,了解 MATLAB 遗传算法工具箱的使用
学习情境3:神经网络控制实现	参考学时:20
学习目标: 1. 了解神经网络和神经网络控制系统的基本概念; 2. 掌握 MATLAB 数据的基本录入、导入和导出方法; 3. 具备较好的逻辑思维能力; 4. 具备良好的与他人沟通和协调的能力	
学习内容: 1. 神经网络的基本概念; 2. 各种网络类型(感知器、BP 网络); 3. 神经网络 PID 控制; 4. MATLAB 文件和数据的导入与导出; 5. MATLAB 神经网络工具箱的使用	

续上表

<table>
<tr><td>学习情境 3:神经网络控制实现</td><td>参考学时:20</td></tr>
<tr><td>教学资源:
1. 讲义或教案、多媒体课件、实训指导书、任务工单、学习情境授课计划、MATLAB 神经网络工具箱;
2. 施工案例、规范规程、施工手册等</td><td>对学生基础要求:
掌握神经网络控制的基本概念和类型,了解 MATLAB 神经网络工具箱的使用</td></tr>
<tr><td>学习情境 4:模糊控制实现</td><td>参考学时:26</td></tr>
<tr><td colspan="2">学习目标:
1. 了解模糊和模糊控制的基本概念;
2. 掌握 MATLAB 软件的基本图形绘制方法;
3. 具备较好的逻辑思维能力;
4. 具备良好的与他人沟通和协调的能力</td></tr>
<tr><td colspan="2">学习内容:
1. 模糊与模糊关系的基本概念;
2. 模糊关系的合成、性质与变换;
3. 模糊语言与语言变量;
4. 模糊命题与模糊条件语句;
5. 模糊推理与模糊控制系统的工作原理、系统结构;
6. 模糊控制器的设计要求、清晰量的模糊化与模糊量的清晰化;
7. 模糊控制规则及控制算法;
8. MATLAB 图形处理;
9. MATLAB 模糊控制工具箱的使用</td></tr>
<tr><td>教学资源:
1. 讲义或教案、多媒体课件、实训指导书、任务工单、学习情境授课计划、MATLAB 模糊控制工具箱等;
2. 施工案例、规范规程、施工手册等</td><td>对学生基础要求:
掌握模糊关系和模糊控制的基本概念,了解 MATLAB 模糊控制工具箱的使用</td></tr>
<tr><td>学习情境 5:专家控制系统实现</td><td>参考学时:16</td></tr>
<tr><td colspan="2">学习目标:
1. 了解专家控制系统的基本概念;
2. 掌握 MATLAB 软件的基本操作方法;
3. 具备较好的逻辑思维能力;
4. 具备良好的与他人沟通和协调的能力</td></tr>
<tr><td colspan="2">学习内容:
1. 专家控制系统的基本概念;
2. 专家控制系统的发展;
3. 专家控制系统构成;
4. 专家控制系统的设计与实现</td></tr>
<tr><td>教学资源:
1. 讲义或教案、多媒体课件、实训指导书、任务工单、学习情境授课计划、MATLAB 等;
2. 施工案例、规范规程、施工手册等</td><td>对学生基础要求:
掌握专家系统基本概念,了解 MATLAB 的使用</td></tr>
</table>

六、课程实施建议

(一)教材及参考资源建议

1. 教材

易继锴,等. 智能控制技术[M]. 北京:北京工业大学出版社,2014.

2. 参考书

[1]蔡自兴. 智能控制[M]. 2 版. 北京:电子工业出版社,2004.

[2]王杰,金耀初. 智能控制系统理论及应用[M]. 郑州:河南科学技术出版社,1997.

[3]诸静,等. 模糊控制原理与应用[M]. 北京:机械工业出版社,2005.

[4]王顺晃,舒迪前. 智能控制系统及其应用[M]. 北京:机械工业出版社,1999.

[5]王永骥,涂健. 神经元网络控制[M]. 北京:机械工业出版社,1998.

[6]张化光. 模糊自适应控制理论及其应用[M]. 北京:北京航空航天大学出版社,2002.

[7]周东华. 现代故障诊断与容错控制[M]. 北京:清华大学出版社,2000.

[8]李国勇. 智能控制及其 MATLAB 实现[M]. 北京:电子工业出版社,2005.

[9]张化光. 智能控制基础理论及应用[M]. 北京:机械工业出版社,2005.

(二)师资条件建议

(1)专任教师:具有高校教师资格证,具有交通智能控制施工管理岗位工作经历,精通交通智能控制施工相关的基本理论与专业知识,具有较强的教科研能力。

(2)兼职教师:具有 5 年以上交通智能控制施工管理及相关岗位工作经历,有丰富的实际工作经验,具有中级以上专业技术职务或在职业技能竞赛中获得过奖励,具有较强的教学组织能力。

(三)实验实训条件建议

本课程实验实训主要通过仿真软件实现,实验实训条件建议如表 4 所示。

实验实训条件建议 表 4

实训室名称	主要设备名称	主要实训项目
智能仿真实训室	1. 硬件:60 台电脑; 2. 软件:MATLAB 7.0; 3. 系统:Windows; 4. 其他:投影仪	1. MATLAB 的安装与基本使用; 2. 遗传算法最优求解的设计与 MATLAB 实现; 3. 感知器神经网络设计与 MATLAB 实现; 4. 模糊控制器设计与 MATLAB 实现

(四)教学方法建议

针对具体的教学内容和教学过程,总体采用项目教学法。在具体教学过程中,采用任务引导法、案例法、小组协作学习法等多种方法组织教学,以学生为中心,“做中学、学中做”,让学生人人参与,培养学生团队协作能力和实践动手能力。

（五）教学评价建议

本课程采用过程考核、综合考核等多元性评价，其中过程考核包括学习态度、课程作业，占课程总成绩的40%；综合考核包括期中考试、实践考核、小组学习、单元测验等，占课程总成绩的60%，全面综合评价学生能力。课程考核办法建议见表5。

课程考核表 表5

<table>
<tr><th colspan="2" rowspan="2">考核项目</th><th rowspan="2">考核方式</th><th colspan="2">比例</th></tr>
<tr><th>分项</th><th>总体</th></tr>
<tr><td rowspan="2">过程考核</td><td>学习态度</td><td>根据课堂教学参与情况，课堂回答问题、出勤情况，由教师综合评定学生的学习态度得分</td><td>50%</td><td rowspan="2">40%</td></tr>
<tr><td>课程作业</td><td>根据学生完成课后作业、任务工单的情况由教师来评定成绩</td><td>50%</td></tr>
<tr><td colspan="2">综合考核</td><td>结合实践考核、小组考核等综合评定学生成绩</td><td>100%</td><td>60%</td></tr>
<tr><td colspan="4">合计</td><td>100%</td></tr>
</table>

（课程标准制订人：叶津凌）

附件12：《高速公路运营管理》课程标准

一、课程定位

本课程定位如表1所示。

课程定位表 表1

课程名称及编号	高速公路运营管理，110035
开设学期及学时	第3学期，共计68学时
课程类型	专业拓展学习领域
先导课程	计算机网络与通信、Windows服务器维护与管理
平行课程	SQL Server数据系统管理、高速公路供配电与照明系统设计与应用、交通信号与控制
后续课程	高速公路联网收费系统应用与维护、高速公路监控系统集成、高速公路隧道机电系统集成

二、课程性质

本课程是交通安全与智能控制专业的专业拓展课程，其目标是使学生掌握高速公路管理的概念、意义、特点；了解高速公路在国内外的发展，熟悉高速公路运营管理机构设置及职能管理，掌握高速公路收费的方式及种类；掌握高速公路路面养护，以及路政管理，交通管理与交通安全系统的组成，交通事故的特点，同时能分析高速公路交通事故的原因，熟悉高速公路服务区的管理原则、管理模式以及经营开发的方式，使学生对高速公路管理有清晰的认识，从而能满足交通机电工程施工和管理岗位的要求，亦能适应高速公路管理岗位的要求。

三、课程设计思路

本课程打破以知识传授为主要特征的传统学科课程模式，转变为以工作任务为中心组织课程内容，并让学生在完成具体项目的过程中学会完成相应工作任务，并构建相关理论知识，发展职业能力。课程内容突出对学生职业能力的训练，理论知识的选取紧紧围绕工作任务完成的需要来进行，同时又充分考虑了高等职业教育对理论知识学习的需要，并融合了相关职业资格证书对知识、技能和态度的要求。项目设计以典型的工作任务来进行。教学过程中，通过校企合作、校内实训基地建设等多种途径，采取工学结合、半工半读等形式，充分开发学习资源，给学生提供丰富的实践机会。教学效果评价采取过程评价与结果评价相结合的方式，通过理论与实践相结合，重点评价学生的职业能力。

四、课程目标

（一）知识目标

（1）理解高速公路运营管理的概念；
（2）熟悉高速公路管理体制、高速公路管理办法；
（3）掌握高速公路收费管理、路政管理、交通管理与交通安全；
（4）掌握高速公路监控通信管理；
（5）熟悉高速公路服务区的管理原则、管理模式以及经营开发的方式。

（二）能力目标

（1）熟悉高速公路运营管理的管理体制，了解高速公路运营管理方法；
（2）能对高速公路服务区进行管理和事故的处理；
（3）能简单完成对高速公路路面的检查和养护以及绿化的养护管理与环境保护。

（三）素质目标

（1）培养学生用发展的眼光规划高速公路管理建设；
（2）培养学生对高速公路出现问题的处理能力；
（3）培养学生在管理中用科学的方法和严谨的态度对高速公路进行管理和养护；
（4）具有良好的职业道德和敬业精神。

五、课程内容与学习目标

（一）课程内容结构安排

本课程分高速公路收费管理等5个学习情境、高速公路收费的方式及种类等18个工作任务，具体见表2。

课程内容结构安排一览表 表2

序号	学习情境	工作任务	参考学时
1	高速公路收费管理	高速公路收费的方式及种类	4
		高速公路收费票务管理与稽查管理	4
		高速公路收费人员管理	4

续上表

序号	学习情境	工作任务	参考学时
2	高速公路路政管理	路政管理的职权与方法	4
		路政执法	4
		路政管理的实施	4
		建立现代化的高速公路路政管理模式	4
3	高速公路交通安全管理	高速公路交通管理和控制	4
		高速公路交通安全管理	4
4	高速公路养护维修管理	高速公路路面养护管理	4
		高速公路桥梁养护管理	4
		路基及附属设施的养护与维修	4
		养护维修时的交通组织及安全措施	4
		高速公路防灾体制与措施	4
5	高速公路监控通信管理	监控系统及其管理	4
		通信系统及其管理	4
		我国高速公路监控通信管理的发展趋势及对策	2
		建立高速公路现代化管理	2
合计			68

(二)课程内容要求(表3)

课 程 内 容 要 求 表3

学习情境1:高速公路收费管理	参考学时:12
学习目标: 1. 熟悉高速公路收费管理概论; 2. 能够在高速公路收费站完成收费员的相关操作	
学习内容: 1. 高速公路收费方式; 2. 高速公路收费管理系统; 3. 运行成本降低的效益分析; 4. 运输里程缩短的效益分析; 5. 运行时间节约的效益分析; 6. 道路级差效益分析; 7. 高速公路收费票务管理与稽查管理; 8. 收费人员管理	
教学资源: 学习情境授课计划、公路收费分类和收费标准的学习资料等	对学生基础要求: 1. 对公路(桥梁)收费制度的理论认知; 2. 掌握收费公路的分类; 3. 了解我国收费公路的发展方向; 4. 掌握收费车型分类

续上表

<table>
<tr><td>学习情境 2:高速公路路政管理</td><td>参考学时:16</td></tr>
<tr><td colspan="2">学习目标:
1. 熟悉高速公路路政管理概述;
2. 掌握高速公路路政管理的内容和方法</td></tr>
<tr><td colspan="2">学习内容:
1. 高速公路路政管理机构和职责;
2. 高速公路路政管理的人员、设备;
3. 路政执法的依据;
4. 路政管理的具体实施;
5. 内部管理制度</td></tr>
<tr><td>教学资源:
学习情境授课计划、路政管理实施的学习资料、评价表</td><td>对学生基础要求:
1. 理解高速公路路政管理的性质与特点;
2. 了解公路路政管理体制与《公路法》;
3. 了解路政执法的实施步骤</td></tr>
<tr><td>学习情境 3:高速公路交通安全管理</td><td>参考学时:8</td></tr>
<tr><td colspan="2">学习目标:
1. 能够对高速公路交通事故的原因进行分析;
2. 具备高速公路事故处理的基本能力</td></tr>
<tr><td colspan="2">学习内容:
1. 高速公路交通流及其特征;
2. 交通管制的概念、特点;
3. 交通事故的定义和分类;
4. 熟悉交通管制内容;
5. 高速公路交通救援系统</td></tr>
<tr><td>教学资源:
学习情境授课计划、交通事故图片展示、交通管制案例等</td><td>对学生基础要求:
1. 掌握交通管理的概念;
2. 掌握交通管制的概念;
3. 理解交通管理的意义;
4. 了解高速公路交通事故的特点</td></tr>
<tr><td>学习情境 4:高速公路养护维修管理</td><td>参考学时:20</td></tr>
<tr><td colspan="2">学习目标:
1. 具备高速公路养护与维修作业能力;
2. 具备桥梁和隧道养护能力</td></tr>
<tr><td colspan="2">学习内容:
1. 高速公路的养护与维修作业内容;
2. 养护与维修时的交通组织及安全措施;
3. 路面养护管理系统;
4. 桥梁养护管理系统;
5. 隧道养护管理系统;
6. 对养护与维修作业人员的素质要求和日常检查制度;
7. 高速公路防灾体制与措施</td></tr>
</table>

续上表

学习情境4:高速公路养护维修管理	参考学时:20
教学资源: 学习情境授课计划、路基及路面养护的学习资料、桥梁和隧道养护的学习资料、评价表	对学生基础要求: 1. 掌握高速公路的养护作业内容; 2. 掌握高速公路的维修作业内容; 3. 了解桥梁和隧道养护管理系统; 4. 了解养护与维修人员的日常检查制度
学习情境5:高速公路监控通信管理	参考学时:12
学习目标: 1. 具备通信系统的使用及管理能力; 2. 能够进行系统分析和简单调试	
学习内容: 1. 掌握信息采集系统的使用; 2. 掌握信息处理系统的使用; 3. 掌握信息显示系统的使用; 4. 掌握隧道监控系统的使用; 5. 系统分析和调试	
教学资源: 学习情境授课计划、高速公路监控通信系统学习资料、评价表等	对学生基础要求: 1. 掌握监控系统的管理; 2. 了解通信系统的基本构成

六、课程实施建议

(一)教材及参考资源建议

1. 教材

刘万里. 高速公路运营管理[M]. 北京:机械工业出版社,2013.

2. 参考书

[1]现代交通远程教育教材编委会. 高速公路运营管理[M]. 北京交通大学出版社,2004.

[2]曾江洪. 高速公路运营管理指南[M]. 北京:人民交通出版社,2006.

[3]何雄伟. 高速公路运营标准化管理——湖北京珠高速公路运营[M]. 北京:人民交通出版社,2009.

(二)师资条件建议

(1)专任教师:具有高校教师资格证,精通高速公路运营管理相关的基本理论与专业知识,具有较强的教科研能力。

(2)兼职教师:具有5年以上高速公路运营管理相关岗位工作经历,有丰富的实际工作经验,具有中级以上专业技术职务或在职业技能竞赛中获得过奖励,具有较强的教学组织能力。

（三）实验实训条件建议

本课程实验实训条件建议见表4。

实验实训条件配置建议 表4

实训室名称	主要设备名称	主要实训项目
高速公路监控系统实训室	高清液晶拼接大屏、大屏拼接矩阵、大屏拼接管理软件、工业级监视器、LED显示器、电视墙、监控中心控制台、交通监控设备操作台、彩色高速球机、彩色日夜两用枪式摄像机（含镜头和室外防护罩）、全方位云台、视频分配器、视频编码解码器、视频矩阵、主控操作键盘、硬盘录像机、工业级液晶监视器、视频监控工作站、网络交换机等	1. 监控管理； 2. 控制建设进度等施工组织； 3. 路政管理； 4. 安全管理
高速公路联网收费模拟实训室	半自动收费模拟系统、计重收费模拟系统、不停车收费模拟系统	1. 收费管理； 2. 安全管理

（四）教学方法建议

针对具体的教学内容和教学过程，总体采用项目教学法。在具体教学过程中，采用任务引导法、案例法、小组协作学习法等多种方法组织教学，以学生为中心，"做中学、学中做"，让学生人人参与，培养学生团队协作能力和实践动手能力。

（五）教学评价建议

本课程采用过程考核、综合考核等多元性评价，其中过程考核包括学习态度、课程作业，占课程总成绩的40%；综合考核包括期中考试实践考核、小组学习评议、期中考试、单元测验等，占课程总成绩的60%，全面综合评价学生能力。课程考核办法建议如表5所示。

课 程 考 核 表 表5

考核项目		考核方式	比例	
			分项	总体
过程考核	学习态度	根据课堂教学参与情况，课堂回答问题、出勤情况，由教师综合评定学生的学习态度得分	50%	40%
	课程作业	根据学生完成课后作业、任务工单的情况由教师来评定成绩	50%	
综合考核		结合期中考试、实践考核、小组学习评议等综合评定学生成绩	100%	60%
合计				100%

（课程标准制订人：任剑岚）

附件13：《公路交通安全管理》课程标准

一、课程定位

本课程定位如表1所示。

课程定位表 表1

课程名称及编号	公路交通安全管理,514025
开设学期及学时	第4学期,共计68学时
课程类型	专业拓展学习领域
先导课程	计算机网络与通信、高速公路供配电与照明系统设计与应用、交通信号与控制
平行课程	高速公路监控系统集成、综合布线、GPS原理与应用、专业英语
后续课程	高速公路联网收费系统应用与维护、交通工程学

二、课程性质

本课程是交通安全与智能控制专业的专业拓展课程,其目的是使学生掌握道路交通安全管理各个方面的技术知识,包括高速公路交通管理概述、高速公路交通管理的任务和原则、车辆和驾驶员管理、高速公路交通安全的影响因素、高速公路交通设施及安全管理、高速公路交通调度设备的管理与维护、高速公路交通事故特征及处理、道路交通安全宣传教育等内容。本课程在引用最基本的公安法规和规范性文件的基础上,详细介绍了高速公路交通管理的基础工作及各专项业务之间的内在联系,阐述了道路交通管理工作的基本理论,使公路交通管理的实际工作与道路交通管理理论紧密结合。本课程具有基础性、前沿性和实用性的特点。

三、课程设计思路

本课程基于运用系统的观点,深刻揭示道路交通秩序管理、道路交通事故处理、交通设施和设备管理等交通管理业务之间的内在联系,详细介绍各单项业务流程,将道路交通管理工作的脉络清晰展现在学生面前,使学生对整个道路交通管理工作有一个全面的认识。本课程采用工学结合的教学方法,根据道路交通安全管理过程职业能力培养需要,以典型工作任务为载体,选择与设计教学内容,创建全真工作场景的校内实训环境,以工作过程为导向开发实训教学项目,同时改革教学组织形式与考核方式,实现"以学生为主体"的组织式学习和自主式学习多种学习过程,确保学生在学习过程中积累职业知识和技能。

四、课程目标

(一)知识目标

(1)理解高速公路管理的概念、意义、特点及高速公路发展;

(2)掌握高速公路交通事故特征、安全行车特征、交通管制与交通事故的处理;

(3)掌握高速公路交通安全管理设施、高速公路生产作业交通安全管理以及安全管理方法;

(4)熟悉高速公路交通信息管理与交通监控,交通调度设备的管理与维护。

(二)能力目标

(1)掌握道路交通管理业务的各项技能;

(2)熟练运用交通法规制作规范的交通管理法律文书；
(3)掌握使用各种交通管理技术设备开展道路交通管理工作的方法；
(4)查阅资料、手册、行业技术规范的能力；
(5)具备勤劳诚信、善于协作配合、善于沟通交流等职业素养。

(三)素质目标

(1)培养学生用发展的眼光规划高速公路管理建设；
(2)培养学生对高速公路出现问题的处理能力；
(3)培养学生在管理中用科学方法和严谨态度对高速公路进行管理和养护；
(4)注重遵章守纪、积极思考、耐心、细致、勇于实践、竞争意识等职业素质的养成。

五、课程内容与学习目标

(一)课程内容结构安排

本课程分为高速公路交通安全管理概述等6个学习情境、高速公路交通安全管理的概念等16个工作任务，具体见表2。

课程内容结构安排一览表 表2

序号	学习情境	工作任务	参考学时
1	高速公路交通安全管理概述	高速公路交通安全管理的概念	2
		高速公路交通安全的内容	2
		交通安全管理的发展趋势	2
2	高速公路交通安全的影响因素	人的因素和高速公路交通安全	4
		车的因素和高速公路交通安全	4
		路的因素和高速公路交通安全	4
		公路环境与高速公路交通安全	2
3	高速公路交通设施及安全管理	高速公路的交通信号、交通标志和标线	6
		交通隔离设施和照明设施	6
		高速公路养护交通安全管理、高速公路安全作业的组织和管理	6
4	高速公路交通调度设备的管理与维护	常见的高速公路交通调度设备、设备管理的意义和作用	2
		设备的日常管理、常见设备的故障维护方法	4
5	高速公路交通事故特征及处理	我国交通事故的特征	4
		交通事故现场的处理	8
		交通事故的认定和鉴定分析技术	8
6	宣传教育高速公路交通安全及法规	高速公路交通安全及法规宣传教育	4
合计			68

(二)课程内容要求(表3)

课程内容要求 表3

<table>
<tr><td colspan="2">学习情境1:高速公路交通安全管理概述</td><td>参考学时:6</td></tr>
<tr><td colspan="3">学习目标:
1. 了解高速公路交通安全管理的概念、安全管理的性质和特点;
2. 掌握高速公路交通安全的内容、范围;
3. 了解高速公路交通安全管理的特点及发展趋势</td></tr>
<tr><td colspan="3">学习内容:
1. 高速公路交通安全管理的概念、安全管理的性质和特点;
2. 高速公路交通安全的内容、范围;
3. 高速公路交通安全管理的职能、方法;
4. 高速公路交通安全管理的历史沿革及发展趋势</td></tr>
<tr><td>教学资源:
讲义、教材、教案、多媒体课件、图片、设计标准、案例、视频等</td><td colspan="2">对学生基础要求:
1. 了解我国现行高速公路的管理体制以及基本常识;
2. 具备较好的逻辑思维能力,具备良好的与他人沟通和协调的能力</td></tr>
<tr><td colspan="2">学习情境2:高速公路交通安全的影响因素</td><td>参考学时:14</td></tr>
<tr><td colspan="3">学习目标:
1. 了解人、车、路的因素与高速公路交通事故的关系;
2. 深刻理解超速行车、违法驾车、疲劳驾车的危害性;
3. 熟悉车辆的类型和技术性能及安全性能对高速公路交通安全的影响;
4. 掌握各种安全设施及公路环境与高速公路交通安全之间的关系</td></tr>
<tr><td colspan="3">学习内容:
1. 人的因素和高速公路交通安全;
2. 车的因素和高速公路交通安全;
3. 路的因素和高速公路交通安全;
4. 公路环境与高速公路交通安全</td></tr>
<tr><td>教学资源:
讲义、教材、教案、多媒体课件、图片、设计标准、案例、视频等</td><td colspan="2">对学生基础要求:
1. 了解我国现行高速公路的管理体制以及基本常识;
2. 具备较好的逻辑思维能力,具备良好的与他人沟通和协调的能力</td></tr>
<tr><td colspan="2">学习情境3:高速公路交通设施及安全管理</td><td>参考学时:18</td></tr>
<tr><td colspan="3">学习目标:
1. 了解高速公路的交通信号、标志和标线;
2. 掌握高速公路交通设施的设置方法;
3. 了解高速公路养护及其对交通安全的影响;
4. 掌握高速公路安全作业的组织和管理</td></tr>
</table>

续上表

<table>
<tr><td colspan="2">学习情境3:高速公路交通设施及安全管理</td><td>参考学时:18</td></tr>
<tr><td colspan="3">学习内容:
1. 高速公路的交通信号;
2. 交通标志和标线;
3. 交通隔离设施和照明设施等;
4. 高速公路养护交通安全管理;
5. 高速公路安全作业的组织和管理</td></tr>
<tr><td>教学资源:
讲义、教材、教案、多媒体课件、图片、设计标准、案例、视频等</td><td colspan="2">对学生基础要求:
1. 了解高速公路使用的部分标志和标线的意义;
2. 具备较好的逻辑思维能力,具备良好的与他人沟通和协调的能力</td></tr>
<tr><td colspan="2">学习情境4:高速公路交通调度设备的管理与维护</td><td>参考学时:6</td></tr>
<tr><td colspan="3">学习目标:
1. 了解高速公路交通调度设备;
2. 理解设备管理的意义和作用;
3. 掌握各种设备的日常管理和维护方法</td></tr>
<tr><td colspan="3">学习内容:
1. 常见的高速公路交通调度设备;
2. 设备管理的意义和作用;
3. 设备的日常管理;
4. 常见设备的故障维护方法</td></tr>
<tr><td>教学资源:
讲义、教材、教案、多媒体课件、图片、设计标准、案例、视频等</td><td colspan="2">对学生基础要求:
1. 了解我国高速公路调度设备使用常识;
2. 具备较好的逻辑思维能力,具备良好的与他人沟通和协调的能力</td></tr>
<tr><td colspan="2">学习情境5:高速公路交通事故特征及处理</td><td>参考学时:20</td></tr>
<tr><td colspan="3">学习目标:
1. 了解高速公路交通事故的概念和现场的分类;
2. 掌握公安机关交管部门对交通事故现场的处理;
3. 掌握交通事故的认定和鉴定分析技术</td></tr>
<tr><td colspan="3">学习内容:
1. 我国交通事故的特征;
2. 交通事故现场的处理;
3. 交通事故的认定和鉴定分析技术</td></tr>
<tr><td>教学资源:
讲义、教材、教案、多媒体课件、图片、设计标准、案例、视频等</td><td colspan="2">对学生基础要求:
具备较好的逻辑思维能力,具备良好的与他人沟通和协调的能力</td></tr>
</table>

续上表

<table>
<tr><td>学习情境6:高速公路交通安全及法规宣传教育</td><td>参考学时:4</td></tr>
<tr><td colspan="2">学习目标:
1. 了解高速公路交通安全宣传教育的目的与意义;
2. 掌握交通安全宣传教育的特点和方法;
3. 了解现行的交通安全法规</td></tr>
<tr><td colspan="2">学习内容:
1. 高速公路交通安全宣传教育的目的与意义;
2. 高速公路交通安全宣传教育的特点和基本方法;
3. 高速公路交通安全法规的表现形式和主要内容</td></tr>
<tr><td>教学资源:
讲义、教材、教案、多媒体课件、图片、设计标准、案例、视频等</td><td>对学生基础要求:
1. 了解我国现行高速公路的相关法律法规;
2. 具备较好的逻辑思维能力,具备良好的与他人沟通和协调的能力</td></tr>
</table>

六、课程实施建议

(一)教材及参考资源建议

1. 教材

姜华平. 高速公路交通安全管理[M]. 北京:人民交通出版社,2005.

2. 参考书

[1]段广云. 高速公路交通安全管理实务[M]. 北京:人民交通出版社,2006.

[2]郑安文. 道路交通安全概论[M]. 北京:机械工业出版社,2010.

(二)师资条件建议

(1)专任教师:具有高校教师资格证,具有高速公路安全管理岗位工作经历,精通高速公路安全管理相关的基本理论与专业知识,具有较强的教科研能力。

(2)兼职教师:具有3年以上高速公路公路管理及相关岗位工作经历,有丰富的实际工作经验,具有中级以上专业技术职务或在职业技能竞赛中获得过奖励,具有较强的教学组织能力。

(三)教学方法建议

针对具体的教学内容和教学过程,总体采用案例教学法。在具体教学过程中,采用社会调查、案例分析、头脑风暴、小组协作等方法组织教学,让学生人人参与,培养学生团队协作的能力和理论联系实际的意识。

(四)教学评价建议

本课程采用过程考核、综合考核等多元性评价,其中过程考核包括学习态度、课程作业,占课程总成绩的40%;综合考核包括调研报告、小组学习汇报和评价、案例分析总结和期中考试与单元测验等，占课程总成绩的60%，全面综合评价学生能力。课程考核办法见表4。

课 程 考 核 表 表4

考核项目		考核方式	比例	
			分项	总体
过程考核	学习态度	根据课堂教学参与情况，课堂回答问题、出勤情况，由教师综合评定学生的学习态度得分	50%	40%
	课程作业	根据学生完成课后作业情况由教师来评定成绩	50%	
综合考核		根据调研报告、案例分析总结等，结合期中考试、单元测验等综合评定学生成绩	100%	60%
合计				100%

（课程标准制订人：熊慧芳）

计算机网络技术专业
人才培养方案

第一部分　主体部分

一、专业名称(专业代码)

计算机网络技术(590102)

二、招生对象

普通高中毕业生或具有同等学力者

三、学制

全日制三年

四、培养目标

本专业培养拥护党的基本路线,德、智、体、美等全面发展的,具有良好的科学素养,具有计算机网络专门知识和较强实际操作动手能力的网络工程师、网络管理师、网页设计员、网站维护员等技术技能型专门人才。

五、就业面向

本专业定位培养计算机网络系统集成、网络管理与维护、网络软件应用开发与维护、网站建设与维护等工作的生产建设第一线急需的高等技术应用型人才。

主要岗位:网络施工、综合布线、网页制作、网站建设。

拓展岗位:网络运营建设、网络规划。

发展岗位:网络工程管理员、网站管理、数据库管理、网络程序员、网络管理等。

六、培养规格

(一)素质目标

(1)具有强烈的责任意识、质量意识、安全意识及环保意识。

(2)具有良好的文化、身体和心理素质。

(3)爱岗敬业,团结协作,遵纪守法,热爱劳动。

(4)具有默默无闻、甘于奉献、不怕牺牲的铺路石精神。

(二)知识目标

(1)具有本专业所必需的数学计算、英语交流、计算机应用等科学文化基础知识;

(2)熟悉数据结构、计算机组装与维护、电路与逻辑设计、计算机网络与通信等专业基础

知识;

(3)掌握 Windows 服务器维护与管理、综合布线、网页设计、SQL Server 数据库管理、C#. NET程序设计等专业知识;

(4)了解计算机网络的新技术、新材料、新工艺和新设备的相关信息。

(三)能力目标

(1)具有 Intranet 的规划与设计能力:对计算机网络有全面的了解,熟悉网络设备、网络布线,具备现场组网施工的能力。

(2)具有 Intranet 的管理能力:对计算机网络有全面的了解,熟悉网络操作系统、网络管理软件和网络安全机制,具备网络管理的能力。

(3)具有 Web 网页的设计和编程能力:熟悉常用的网页设计工具,具备网页编程能力。

(4)具有 WWW 网站的维护能力:对网络协议和 C/S、B/S 模式信息管理有全面了解,熟悉常用的浏览器和网站维护工具软件,具备 WWW 网站维护的能力。

七、教学环节进程安排表

(一)培养时间分配表

在人才培养的实施过程中,实行与人才培养模式相适应的教学组织模式,教学环节周数分配如表 2-1 所示。

计算机网络技术专业培养时间分配表 表 2-1

学　年		一		二		三		合　计
学　期		一	二	三	四	五	六	
1	入学教育	1 周						1 周
2	国防教育	2 周						2 周
3	课内教学	16 周	18 周	17 周	16 周	13 周		80 周
4	实践教学		1 周	2 周	3 周	2 周		8 周
5	生产实习					4 周	19 周	23 周
累　计		19 周	19 周	19 周	19 周	19 周	19 周	114 周

注:1. 课内教学指按课程(学习领域)组织的各种教学活动,包括理论课程、理实一体化课程等。

2. 实践教学是指计划单列的非生产性实践教学活动,包括专业认识实践、专项单列实训、课程设计、综合设计、社会实践等。

3. 生产实习是指生产性教学实习活动,包括工学交替生产实习、生产劳动实习、毕业顶岗实习。

(二)教学进程表

本专业的人才培养进程如表 2-2 所示。

计算机网络技术专业教学进程表

表 2-2

序号	类别	课程名称	教学时数与学分				考核方式		课内教学时数及实践周数					
			总学分	学分	理论学时	实践学时	考试学期	考查学期	第一学年		第二学年		第三学年	
									一	二	三	四	五	六
									16 周	18 周	17 周	16 周	13 周	0 周
1	公共基础课程	“两课”基础	64	4	64			1	4					
2		“两课”概论	72	4	72			2		4				
3		体育	68	4	68			1、2	2	2				
4		计算机应用基础	96	5	44	52	1		6					
5		高等数学	64	4	64			1	4					
6		大学英语	136	7	136		1	2	4	4				
7		任选课 1	34	2	34			3			2			
8		任选课 2	32	3	32			4				2		
9		就业指导	13	1	13			5					1	
公共基础课程小计			579	34	527	52	课内占比		31.58%					
1	专业基础学习领域	电路与逻辑设计	120	7	86	34	2	1	3	4				
2		数据通信与计算机网络	72	4	36	36	2			4				
3		C 语言	72	4	34	38	2			4				
4		数据结构	68	4	44	24	3				4			
5		SQL Server 数据库管理	64	4	34	30	4					4		
6		专业英语	39	2	39			5					3	
专业基础学习领域小计			435	24	273	162	课内占比		23.93%					
1	专业核心学习领域	网络信息安全	68	5	34	34		3			4			
2		ASP. NET 程序设计	80	6	40	40	4					5		
3		网络互联	64	5	32	32		4				4		
4		网页设计	64	5	24	40	4					4		
5		综合布线	78	6	42	36	5						6	
6		Linux 基础	65	5	29	36	5						5	
专业核心学习领域小计			419	32	201	218	课内占比		23.05%					
1	专业拓展学习领域	JAVA 程序设计	68	4	34	34	3				4			
2		JSP 程序设计	78	5	42	36	5						6	
3		Windows 服务器维护与管理	68	4	34	34		3			4			
4		C#. NET 程序设计	68	4	34	34	3				4			
5		Photoshop	64	4	32	32		4				4		
6		计算机组装与维护	39	3	15	24		5					3	
专业拓展学习领域小计			385	23	191	194	课内占比		21.18%					
课内教学环节合计			1818	113	1192	626	总百分比		64.06%					

续上表

序号	类别	课程名称	教学时数与学分				考核方式		课内教学时数及实践周数					
			总学分	学分	理论学时	实践学时	考试学期	考查学期	第一学年		第二学年		第三学年	
									一	二	三	四	五	六
									16 周	18 周	17 周	16 周	13 周	0 周
1	独立实践环节	入学教育	1 周	1		30			1 周					
2		国防教育	2 周	2		60			2 周					
3		数据通信与计算机网络实训	1 周	2		30				1 周				
4		信息安全实训	1 周	2		30					1 周			
5		Windows 服务器维护与管理实训	1 周	2		30					1 周			
6		网络互联实训	1 周	2		30						1 周		
7		ASP. NET 实训	1 周	2		30						1 周		
8		网页设计实训	1 周	2		30						1 周		
9		综合布线实训	1 周	2		30							1 周	
10		JSP 程序设计实训	1 周	2		30							1 周	
11		定岗生产实习	4 周	8		120							4 周	
12		毕业顶岗实习	19 周	10		570								19 周
独立实践环节合计			1020	37		1020	总百分比		35. 94%					
课时(学分)总计			2838	150	1192	1646	周时数		23	22	22	23	24	0
周数总计									19	19	19	19	19	19
理论教学时数			1192				总百分比		42. 00%					
实践教学时数			1646				总百分比		58. 00%					

(三)课程设置及学时比例(表 2-3)

计算机网络技术专业课程设置及学时比例表

表 2-3

项　目	理论教学	实践教学			
		课内实训	专项实训	生产实习	合计
学　时	1179	626	330	690	1646
所占比例	41. 73%	58. 27%			

注:1. 理论教学学时不包含课内的实训环节教学,课内实训是指由课程教学内完成的、非计划单列实践教学。

2. 专项实训是指计划单列的非生产性实践教学,包括专业认识实践、专项单列实训、课程设计、综合设计、社会实践等。

3. 生产实习包含定岗生产实习、毕业顶岗实习。

八、毕业标准

(一)基本要求

(1)德、智、体、美等方面均通过学生管理部门考核达标;

(2)按规定完成课程(学习领域)的学习,成绩合格;

(3)完成各项独立实践环节(单列科目:如实践课、课程设计、实习、毕业实践、毕业设计等)的学习,成绩合格。

(二)考证要求

(1)必须取得全国计算机等级证(一级及以上)和英语应用能力证书(三级B);

(2)获得至少一个本专业职业资格证书方可毕业。本专业职业资格证书如表2-4所示。

计算机网络技术专业职业资格证书表　　表2-4

序号	考核项目	考核发证部门	等级要求
1	CCNA	美国 Cisco	中级
2	网络管理员	工业和信息化部	初级
3	网络工程师	工业和信息化部	中级
4	网页设计师	NTC	中级
5	系统管理员(MCSA)	微软	中级
6	计算机操作员	人力资源和社会保障部	中级

(三)其他要求

(1)完成任选课的学习,并取得5学分;

(2)转专业的学生,应该取得最后毕业注册专业的全部专业核心学习领域的学分,并且取得140以上的总学分。

九、其他说明

本专业人才培养方案是依托信息工程系校企合作工作委员会,与江西泰豪软件股份公司、江西贝尔信息产业有限公司、福建星网锐捷有限公司、上海浦东软件园信息技术有限公司、江西景鹰高速公路公司、江西梨温高速公路公司等企业共同制订,其实施过程中,应该加强与相关企业的合作,将有关行业标准和企业规范导入专业课程中,与企业共同实施工学并进的人才培养模式,积极探索现代学徒制育人模式,共同建设生产型实习基地,共同管理顶岗实习,共同评价教学过程,全面实现人才培养方案的育人目标。

(执笔人:刘造新)

第二部分　支撑材料

一、专业人才培养实施条件

（一）专业教学团队

1. 师资数量与结构

（1）教师队伍数量应与学生规模相适应，师生比控制在1∶16左右。

（2）教师队伍结构优化，梯队合理，45岁以下青年教师中研究生学历或硕士以上学位比例达到30%，专任教师中高级职称的比例大于等于30%，专任教师中具备双师素质教师的比例应达到80%以上。

（3）每个学习领域（课程）的教师应不少于2人，其中专业核心学习领域应配备相关专业中级技术职称以上的双师素质教师2人。

（4）各专业学习领域及独立实践环节，均应配备行业企业工程技术人员担任兼职教师，兼职教师折算比例应达到50%左右。

（5）专业实习（训）指导教师均为大专以上学历或中级以上职称。实习（训）指导教师具有中高级职称的应大于等于20%。

2. 业务水平

教师应具备良好的职业道德和一定的教学科研能力，达到高等教育教师任职资格的要求，且具备高等教育教师任职资格。其中主讲教师应由具备讲师以上职称的专任教师或工程师以上职称的兼职教师担任，参加科学研究或技术服务的专任教师人数不少于专任教师总数的30%。

（二）专业教学资源

1. 选用优秀的高职高专规划教材

在选择教材时，应整体研究制定教材选用标准和选用程序，确保具有时代性、应用性、先进性和普适性的优秀教材优先被选用，同时，要注意选用具有鲜明行业特征的高职高专规划教材、特色教材和精品教材。

2. 开发基于工作过程的校本教材

与合作企业共同开发基于工作过程的校本教材，将相关的企业标准、行业规范等导入教材之中，编写中要突破学科体系的构架，将职业教育的教学过程与工作过程相融合，将专业理论知识和技能向企业工作过程知识转变，以典型工作任务作为工作过程知识的载体，并按职业能力构建教材的知识、技能体系，使之成为理实一体化教学的适用教材。专业核心学习领域教材一般要求为特色鲜明的校本教材，或国家和地区职业教育优质教材。可供选用教材如表2-5所示。

计算机网络技术专业建议选用教材一览表　表 2-5

序号	教材名称	出版社	主　编	出版时间
1	Windows 服务器维护与管理	清华大学出版社	刘勇	2012. 3
2	SQL Server 数据库管理	清华大学出版社	刘勇、刘造新	2012. 3
3	综合布线	人民交通出版社股份有限公司	张飞、张铮	2015. 1
4	计算机组装与维护	河北大学出版社	许伟	2012. 12
5	网页设计	河北大学出版社	刘造新	2012. 12

3. 选用精品资源共享课程

充分利用现有国家和地方的精品资源共享课程开展教学，加强网络学习平台建设，通过慕课、个人空间、网络课程等网络技术构建日常教学课程网站，整合各种优质教学资源进行专业教学。可供选用的精品资源共享课程如表 2-6 所示。

计算机网络技术专业可供选用的精品资源共享课程一览表　表 2-6

序号	课程名称	建设状态	负责人	通过时间
1	SQL Server 数据库管理	院级精品资源共享课	刘勇、张敬(企)	2012 年
2	综合布线	院级精品资源共享课	张飞、沃刚(企)	2011 年
3	Windows 服务器维护与管理	省级精品资源共享课	刘造新、章艺(企)	2009 年
4	JAVA 程序设计	院级精品资源共享课	张飞、胡宗林(企)	2013 年
5	ASP. NET	院级精品资源共享课	彭斌、温永华(企)	2013 年

4. 专业网络教学资源

以数字化校园为运行载体，以学习领域(课程)为组织形式，利用网络学习平台建设共享性网络教学资源库，主要包括试题库、课件库、专业教学素材库、教学视频库等。网络教学资源库的建议配置如表 2-7 所示。

计算机网络技术专业网络教学资源库的建议配置　表 2-7

<table>
<tr><th>类别</th><th>资　源</th><th>主要内容与要求</th><th>备注</th></tr>
<tr><td rowspan="4">专业基本资源</td><td>专业简介</td><td>专业代码、招生对象、学制、就业面向、专业特点、主要课程等</td><td rowspan="4">专业介绍</td></tr>
<tr><td>人才培养方案</td><td>主要包括培养目标、专业面向的职业岗位分析、专业定位、课程体系、核心课程描述、教学进程、毕业标准、实施条件、实施规范、实施流程、实施保障等</td></tr>
<tr><td>课程标准</td><td>专业核心课程的课程标准</td></tr>
<tr><td>教学文件</td><td>教学管理相关文件</td></tr>
<tr><td rowspan="2">课程教学资源</td><td>教学指南</td><td>本课程的作用、目标和要求，本课程与职业岗位的关系，本课程与其他课程的关系，本课程的主要特点、课程结构、课程内容、课时分配、课程的重点与难点、实践教学体系、课程教学方法、课程教学资源、课程考核、课程授课方案设计、课程建设与工学结合效果评价等</td><td rowspan="2">专业基本配置</td></tr>
<tr><td>教学设计</td><td>主要包括学时安排、学习任务设计、学习内容确定、教学目标设定、教学重点和难点分析及处理、任务工单提供、教学方法建议、教学手段选用、教学设施和教学场地安排、教学实施要求、课程考核方法，以及课后总结等</td></tr>
</table>

续上表

类别	资　源	主要内容与要求	备注
课程教学资源	多媒体课件	优质核心课程课件	专业基本配置
	教学视频库	课程设计录像、课堂教学录像、实训操作演示录像等	
	案例库	以一个完整的企业项目为案例单元,通过观看、阅读、学习、分析案例,实现知识内容的传授、知识技能的综合应用展示、知识迁移、技能掌握等	
	FLASH 资源	教学难点的动漫演示	
	实训项目	实训目标、实训设备、实训要求、实训内容与步骤、实训项目考核和评价标准、实训报告或总结、技术手册、操作规程与安全注意事项	
	学生作品	学生学习成果、实训作品和生产产品	
自主学习资源	学习指南	课程学习目标与要求,重点、难点提示及释疑,学习方法,典型任务解析,自我测试题及答案,参考资料和网站	专业特色配置
	测试题库	知识和技能测试	
	视频库	学习任务实施操作视频资料	
	网络课程	基于互联网的自主学习平台	
	课程链接	与本专业相关的网站	
拓展学习资源	拓展视频资源	其内容可以在教学标准的基础上适当拓展	专业拓展选配
	文献库	与本课程或本专业相关的行业标准、企业规范、专利资料、法律法规、技术资料、成功案例等	
	仪器设备操作手册	常用仪器设备的操作手册	
	仿真教学	按教学内容列出仿真软件,并提供应用入口	
	课程 BBS	建立由专人管理的网上论坛	
	网上答疑	按主讲教师开设答疑室	
	其他资源	素质教育模块、课外活动园地	

5. 其他教学资源

学院图书馆或资料室应当配置数量适当、结构合理、技术新颖的本专业纸质和电子图书,为专业学习、教学、科研和社会服务提供良好的信息服务;学院配置的电子图书,应具有良好服务功能,能为专业教学资源库建设提供大数据服务。

(三)实验实训条件

1. 校内实训条件

根据计算机网络技术专业人才培养目标和教学要求,在校内由专任教师与企业行业兼职教师共同设计和建设具备理实一体化教学和生产性实训功能的校内实训基地。加强教学功能设计,突出企业氛围,使学生在实训期间能够学习到专业知识,感受企业文化氛围,接受企业操作规范。在建设过程中,由学校和企业共同提供实训项目、管理规范、设备、场地、人员和“校中厂”,保障生产性实训教学的有效实施,为校内实训和顶岗实习提供保障。在校企共建过程中保障技术及设备的更新,紧跟技术的发展步伐。

根据计算机网络技术专业人才培养的需要,校内实训条件建议见表 2-8。

校内实验实训条件配置建议表 表2-8

序号	名 称	主要设备	数量（台/套）	实训内容	实训容量
1	网络工程实训室	学生用计算机	30台	SOHO网络组建实训 中小型企业网络组建与网络实训 智能小区网络组建与互联实训 校园（园区）网络组建与互联实训 网络服务器架设实训 网络安全技术实训 企业网络技术综合实践项目实训 网络访问控制实训 上网行为管理实训 无线网络安全设计实训	30人
		教师用计算机	1台		
		路由器	20台		
		交换机	24台		
		防火墙	4套		
		无线接入点（AP）	2个		
		无线局域网控制器	1台		
		无线网卡	30个		
		投影	1台		
2	网络综合布线实训室	网络认证测试仪	1台	网络配线端接实训 网络链路组成和测试实训 垂直子系统实训 水平子系统实训 设备间子系统实训 管理间子系统实训 建筑物子系统实训	30人
		简易测试仪	5台		
		打线钳	10个		
		电工工具箱	8个		
		投影	1套		
		中控系统	1套		
		网络机柜	1台		
3	网站规划与开发实训室	学生用计算机	80台	网页效果图制作实训 网站动画制作实训 网络编程实训 动态网页设计与制作实训 程序设计项目实训 网络数据库技术实训 小型网站规划与开发实训 ASP. NET企业级网站开发实训 企业网站制作综合实训	80人
		教师用计算机	1台		
		网页设计软件	1套		
		投影	1套		
		音响系统	1套		
		交换机	3台		
		中控系统	1套		
		网络机柜	1套		

2. 校外实训条件

在校外实训基地的建设中，积极寻求与国内外、区域内大型知名企业开展深层次、紧密型合作，建立与自己的规模相适应的、稳定的校外实训基地，充分满足本专业所有学生综合实践能力及半年以上顶岗实习的需要，发挥企业在人才培养中的作用，由企业提供场地、办公设备、项目和技术指导人员，企业技术人员与教师共同组织和带领学生完成真实项目设计、施工、调试与维护，使学生真正进入企业项目实践，形成校企共建、共管的格局。

校外实训基地有健全的规章制度及基于职业标准的员工日常行为规范，使学生在实训期间养成遵纪守法的习惯，使其能真正领悟到团队合作精神，同时培养学生解决实际问题的能力。

二、专业人才培养实施规范

（一）课程教学标准

1. 公共基础课程教学标准

本专业公共基础课程教学标准与"交通安全与智能控制（520105）"专业相同，因两专业第二学期课内教学周数安排相差一周，故部分课程教学时数会有微小差别，实施过程中由任课教师根据具体情况进行微调。

2. 专业基础学习领域教学标准

依据计算机网络技术专业的知识目标和能力目标要求，专业基础学习领域教学标准确定见表2-9。

专业基础学习领域教学标准 表2-9

学习领域1	电路与逻辑设计		
学期	第1、2学期	参考学时	120学时
职业能力要求	1. 学会使用基本的电工电子工具、仪器、仪表； 2. 能够正确识读电子电路图、电气设备控制系统电气图和安装接线图； 3. 熟悉电子元器件的类别、性能、用途，并能够正确地选用电子元器件； 4. 能够根据电路图独立完成电子电路的制作任务，并能对组合逻辑电路和时序逻辑电路进行分析与调试		
学习目标	1. 掌握基本电工工具的使用； 2. 掌握模拟电路的基本元器件，并能对基本放大电路进行分析； 3. 掌握集成运算放大器以及直流电源电路的原理及应用； 4. 掌握基本门电路、组合逻辑电路和时序逻辑电路的分析与调试等		
学习内容	学习情境1：基本放大电路分析与应用； 学习情境2：集成运放电路分析与应用； 学习情境3：直流稳压电源制作与调试； 学习情境4：集成逻辑门及组合电路分析； 学习情境5：触发电路制作与调试； 学习情境6：存储器与可编程器件应用； 学习情境7：模数与数模转换		
学习领域2	数据通信与计算机网络		
学期	第2学期	参考学时	72学时
职业能力要求	1. 具有计算机网络设备和线路的使用能力； 2. 具有局域网组建及应用能力； 3. 具有网络互联与广域网技术应用能力； 4. 具有Internet协议及其技术应用能力； 5. 具有网络操作系统应用能力； 6. 具有网络应用服务器的构建维护能力； 7. 具有网络管理和网络安全维护能力		

续上表

学期	第2学期	参考学时	72学时
学习目标	1. 了解计算机网络的一些基本术语、概念； 2. 了解计算机网络体系结构； 3. 掌握网络的工作原理，体系结构、分层协议，网络互联； 4. 了解网络安全知识； 5. 能通过常用网络设备进行简单的组网，能对常见网络故障进行排错		
学习内容	学习情境1：计算机网络结构识别； 学习情境2：配置计算机网络硬件设备； 学习情境3：分析网络体系结构与网络协议； 学习情境4：构建局域网； 学习情境5：构建广域网； 学习情境6：IP设置； 学习情境7：配置网络操作系统； 学习情境8：配置网络服务器； 学习情境9：管理网络安全		
学习领域3	数据结构		
学期	第3学期	参考学时	68学时
职业能力要求	1. 根据现实问题抽象得到基本模型的能力； 2. 选择不同数据结构的能力； 3. 比较不同数据结构之间优劣的能力； 4. 查阅资料、手册的能力		
学习目标	1. 理解数据结构的基本概念； 2. 掌握用高级语言描述抽象数据类型的方法； 3. 掌握典型数据结构线性表、栈、队列、树、图、排序、查找的概念、性质及实现方法； 4. 了解各种数据结构之间的关系； 5. 具备分析、比较、选择不同数据结构的能力； 6. 掌握数据结构的典型应用和算法，如二叉排序树、最小生成树、哈夫曼树等； 7. 会用时间复杂性和空间复杂度，以评价实现各数据结构的算法和各应用算法的优劣		
学习内容	学习情境1：合并有序顺序表； 学习情境2：多项式相加； 学习情境3：算术表达式求值； 学习情境4：解析打印数据缓冲区； 学习情境5：对通信电文进行哈夫曼编码； 学习情境6：寻求城市公路网最短路径		
学习领域4	SQL Server数据库系统管理		
学期	第4学期	参考学时	64学时
职业能力要求	1. 培养学生SQL Server数据库的基本操作； 2. 培养学生数据库中的表、数据查询的操作； 3. 培养学生数据完整性、视图、索引及其应用；		

续上表

学习领域 4	SQL Server 数据库系统管理		
学期	第 4 学期	参考学时	64 学时
职业能力要求	4. 培养学生 T-SQL 语言编程的能力； 5. 培养学生存储过程、触发器的使用； 6. 培养学生数据库的安全能力； 7. 培养学生利用 JDBC 连接数据库的能力		
学习目标	1. 数据表的创建与编辑； 2. 视图的基本概念、视图的创建与维护； 3. 了解视图与索引的概念，掌握视图与索引的创建及应用； 4. 存储过程的概念、用途、创建与编写以及触发器的概念、创建、使用和维护等； 5. 掌握 SQL Server 安全管理操作； 6. 掌握使用 JDBC 设置与访问 SQL Server 的操作方法		
学习内容	学习情境 1：创建、修改、删除数据库； 学习情境 2：增、删、改、查数据表； 学习情境 3：检索数据； 学习情境 4：Transact-SQL 语言编辑； 学习情境 5：创建索引、视图、存储过程和触发器； 学习情境 6：备份和恢复数据库		

3. 专业核心学习领域教学标准

依据计算机网络技术专业的培养目标和主要就业岗位的要求，专业核心学习领域的教学标准确定见表 2-10。

专业核心学习领域教学标准 表 2-10

学习领域 1	网络信息安全		
学期	第 3 学期	参考学时	68 学时
职业能力要求	1. 精通网络安全技术：包括端口、服务漏洞扫描、程序漏洞分析检测、权限管理、入侵和攻击分析追踪、网站渗透、病毒木马防范等； 2. 熟悉 TCP/IP 协议，SQL 注入原理和手工检测，内存缓冲区溢出原理和防范措施，信息存储和传输安全，数据包结构，DDOS 攻击类型和原理，有一定的 DDOS 攻防经验，熟悉 IIS 安全设置，IPSec、组策略等系统安全设置； 3. 熟悉 Windows 或 Linux 系统； 4. 了解主流网络安全产品的配置及使用		
学习目标	1. 能够担负起小型网络信息安全工作，对网络信息安全有较为完整的认识，掌握电脑安全防护、网站安全、电子邮件安全、Intranet 网络安全部署、操作系统安全配置、恶意代码防护、常用软件安全设置、防火墙的应用等技能； 2. 能完善和优化企业信息安全制度和流程，信息安全工作符合特定的规范要求，能够对系统中安全措施的实施进行跟踪和验证，能够建立起立体式、纵深的安全防护系统，部署安全监控机制，对未知的安全威胁能够进行预警和追踪； 3. 能够针对安全策略、操作规程、规章制度和安全措施做到程序化、周期化的评估、改善和提升，能够组织建立本单位的信息安全体系		

续上表

学习领域 1	网络信息安全		
学期	第 3 学期	参考学时	68 学时
学习内容	学习情境 1:计算机网络系统的硬件防护; 学习情境 2:数据加密; 学习情境 3:数据备份; 学习情境 4:防火墙选择与使用; 学习情境 5:计算机操作系统的安全配置; 学习情境 6:计算机病毒防范; 学习情境 7:黑客的攻击与防范; 学习情境 8:网络入侵与入侵检测		
学习领域 2	ASP. NET 程序设计		
学期	第 4 学期	参考学时	80 学时
职业能力要求	1. 创建网站所需素材收集与整理能力; 2. 构建 ASP. NET 动态网页运行环境能力; 3. 使用开发工具创建网站的能力; 4. 使用 ASP. NET 控件工具箱创建服务器控件及控件的设置和编写响应代码的能力; 5. 利用内置对象来获取信息及传递页面信息能力; 6. 通过数据访问控件显示及访问后台数据库能力		
学习目标	1. 独立安装 Visual Studio . NET2005 及以上版本开发工具能力; 2. 配置 ASP. NET2. 0 以上版本网站的运行环境能力; 3. 进行编写 Web. Config 配置文件能力; 4. 使用基于 MVC 三层架构的设计模式能力; 5. 设计符合 WEB2. 0 标准网站的页面能力; 6. 利用数据层类操作数据库能力; 7. 处理网站的安全漏洞能力; 8. 使用 Visual Studio. NET 编译网站程序能力; 9. 使用 CuteFTP 工具发布网站到远程服务器能力		
学习内容	学习情境 1:ASP. NET 项目开发环境及配置; 学习情境 2:ASP. NET 项目规划与设计; 学习情境 3:网站前台的制作; 学习情境 4:网站后台功能的实现; 学习情境 5:网站项目安全管理; 学习情境 6:编辑及发布网站		
学习领域 3	网络互联		
学期	第 4 学期	参考学时	64 学时
职业能力要求	1. 能通过终端 PC 直连/远程配置路由器和交换; 2. 能够根据现有网络拓扑绘制拓扑图; 3. 能规划一个局域网络并绘制拓扑图; 4. 根据故障现象,判断并排除网络故障; 5. 能管理及维护一个较大规模的局域网		

续上表

<table>
<tr><td>学习领域3</td><td colspan="3">网络互联</td></tr>
<tr><td>学期</td><td>第4学期</td><td>参考学时</td><td>64学时</td></tr>
<tr><td>学习目标</td><td colspan="3">1. 掌握网络测试中的基本命令;
2. 熟练掌握交换机的基本配置;
3. 抑制广播风暴,掌握生成树协议配置;
4. 掌握静态路由和默认路由配置;
5. 掌握RIP动态路由配置;
6. 掌握基本的网络安全控制技术——访问控制列表;
7. 掌握NAT及DHCP的配置</td></tr>
<tr><td>学习内容</td><td colspan="3">学习情境1:网络工程基础;
学习情境2:交换机配置;
学习情境3:路由器配置;
学习情境4:维护管理与安全控制</td></tr>
<tr><td>学习领域4</td><td colspan="3">网页设计</td></tr>
<tr><td>学期</td><td>第4学期</td><td>参考学时</td><td>64学时</td></tr>
<tr><td>职业能力要求</td><td colspan="3">1. 深入了解Internet,理解WWW、HTTP、HTML等概念及作用;
2. 掌握网站设计和发布的流程;
3. 了解FTP、GOPHER、HTTP、MAILTO、NEWS、TELNET、WAIS等协议的含义和作用;
4. 理解网站维护管理的意义及重要性,理解服务器、客户端、浏览器的概念和作用;
5. 了解多种网页制作软件和图像处理软件相结合设计网站的好处</td></tr>
<tr><td>学习目标</td><td colspan="3">1. 掌握网页制作软件的使用方法;
2. 掌握在网页中编制/插入需要的脚本;
3. 掌握进行网站的上传/下载、更新、管理</td></tr>
<tr><td>学习内容</td><td colspan="3">学习情境1:本地站点的创建与管理;
学习情境2:图文混排;
学习情境3:网页布局;
学习情境4:动感元素与超级链接;
学习情境5:CSS样式与JavaScript技术的综合应用;
学习情境6:综合网页制作</td></tr>
<tr><td>学习领域5</td><td colspan="3">综合布线</td></tr>
<tr><td>学期</td><td>第5学期</td><td>参考学时</td><td>78学时</td></tr>
<tr><td>职业能力要求</td><td colspan="3">1. 能设计中小型综合布线系统方案;
2. 能绘制各种综合布线图;
3. 会综合布线产品选型和材料预算;
4. 能按规范安装管槽路由、设备间、电信间、工作区等综合布线系统环境;
5. 能按规范敷设和端接双绞线和光缆</td></tr>
</table>

续上表

学习领域5	综合布线		
学期	第5学期	参考学时	78学时
学习目标	1. 掌握综合布线系统方案的设计规范； 2. 对综合布线任意子系统进行施工； 3. 完成综合布线系统的预算； 4. 在任何工作间完成综合布线工程的施工； 5. 具备勤劳诚信、善于协作配合、善于沟通交流等职业素养		
学习内容	学习情境1:综合布线系统认知； 学习情境2:楼宇内综合布线； 学习情境3:外场区综合布线； 学习情境4:综合布线工程概预算与招投标； 学习情境5:综合布线工程管理		
学习领域6	Linux基础		
学期	第5学期	参考学时	65学时
职业能力要求	1. 掌握Linux的CDROM安装方式及rpm包的操作； 2. 能使用文件、目录的操作命令及VI； 3. 能使用文件权限、用户、组的管理命令； 4. 能使用文件系统管理命令、fdisk及设置磁盘配额； 5. 能使用进程管理命令； 6. 能安装驱动程序及对kernel-2.6.0内核编译升级； 7. 能用Linux管理系统		
学习目标	1. 掌握Linux系统的基本操作； 2. 掌握Linux系统管理员的基本管理操作； 3. 掌握Linux系统下的基本网络配置方法及各种服务器的使用		
学习内容	学习情境1:虚拟机的使用； 学习情境2:Red Hat Linux 9.0的安装； 学习情境3:Linux文件管理； 学习情境4:用户管理； 学习情境5:Linux系统的启动； 学习情境6:磁盘管理； 学习情境7:进程管理； 学习情境8:设备管理和内核升级； 学习情境9:Shell编程		

4. 专业拓展学习领域教学标准

依据计算机网络技术专业的培养目标和岗位拓展需求，专业拓展学习领域教学标准确定见表2-11。

专业拓展学习领域教学标准 表 2-11

学习领域 1	JAVA 程序设计		
学期	第 3 学期	参考学时	68 学时
职业能力要求	1. 培养学生谦虚、好学的品质； 2. 培养学生勤于思考、做事认真的良好作风； 3. 培养学生良好的职业道德和按时、守时的软件交付概念； 4. 培养学生阅读设计文档、编写程序文档的能力		
学习目标	1. 能配置典型的 Java 开发环境； 2. 能应用 Java 语言编写简单的程序； 3. 能应用 Java 常用组件创建图形用户界面； 4. 能应用 Java 中的事件处理方法处理组件事件； 5. 能应用 Java 异常抛出、捕获和处理，编写高质量的程序； 6. 会使用 JDBC 访问数据库及连接数据库； 7. 会使用 Java 文件处理技术完成文件的处理； 8. 会使用 Graphics 类绘制图形		
学习内容	学习情境 1：Java 基础模块开发； 学习情境 2：考试系统用户登录模块开发； 学习情境 3：考试系统用户注册模块开发； 学习情境 4：考试系统功能设计模块开发； 学习情境 5：考试系统用户操作模块开发		
学习领域 2	JSP 程序设计		
学期	第 5 学期	学时	78 学时
职业能力要求	1. 培养学生 JSP 页面与 JSP 标记、Tag 文件与 Tag 标记的能力； 2. 培养学生 JSP 内置对象的使用； 3. 培养学生 JSP 文件操作、JSP 中使用数据库的能力； 4. 培养学生 JSP 与 Javabean 的使用能力； 5. 培养学生 Java Servlet 基础以及 MVC 模式的使用		
学习目标	1. 熟悉 Tomcat 6.0 的安装与配置； 2. 了解 JSP 的基本语法，包括程序片、页面指令等重要内容； 3. 了解 Tag 文件与标记，使用 Tag 文件实现代码复用； 4. 熟悉 JSP 的内置对象； 5. 理解输入输出流技术； 6. 了解各种数据库的连接方式以及怎样使用 Tag 标记实现对数据库的操作； 7. 熟悉 Javabean 的使用； 8. 了解 Java Servlet，对 servlet 对象的运行		
学习内容	学习情境 1：JSP 页面与 JSP 标记认知； 学习情境 2：Tag 文件与 Tag 标记认知； 学习情境 3：JSP 内置对象处理； 学习情境 4：JSP 中的文件操作； 学习情境 5：JSP 中使用数据库； 学习情境 6：JSP 与 Javabean 使用； 学习情境 7：Java Servlet 配置		

续上表

学习领域3	Windows 服务器维护与管理		
学期	第 3 学期	参考学时	68 学时
职业能力要求	1. 培养学生利用 Windows 网络操作系统充当文件服务器、打印服务器； 2. 培养学生 DHCP 服务器配置能力； 3. 培养学生 DNS 服务器、路由器设置； 4. 培养学生 Web 服务器、FTP 服务器		
学习目标	1. 学会 Windows 服务器的安装和配置； 2. 学会 Windows 服务器的基本管理； 3. 熟悉 Windows 服务器域环境的高级管理； 4. 了解 Windows 服务器常用服务的配置与应用		
学习内容	学习情境 1：认识 Windows 服务器操作系统的版本与特性； 学习情境 2：安装 Windows 服务器操作系统； 学习情境 3：Windows 服务器操作； 学习情境 4：管理用户和组； 学习情境 5：设置文件权限、文件共享、磁盘管理； 学习情境 6：配置 DNS、FTP、DHCP、WEB 服务		
学习领域 4	C#. NET 程序设计		
学期	第 3 学期	参考学时	68 学时
职业能力要求	1. 培养学生谦虚、好学的品质； 2. 培养学生结构化程序设计思想； 3. 培养学生良好的职业道德； 4. 培养学生使用 C#进行 Windows 应用程序开发的常用技术和方法； 5. 培养学生阅读设计文档、编写程序文档的能力		
学习目标	1. 熟悉 C#程序设计基础； 2. 了解面向对象程序设计； 3. 学会 Windows 程序设计基础； 4. 了解数据库应用开发技术； 5. 了解多线程开发技术； 6. 掌握 ASP. NET 编程基础		
学习内容	学习情境 1：C#开发环境配置； 学习情境 2：异常处理； 学习情境 3：应用程序开发； 学习情境 4：数据库运用； 学习情境 5：ASP. NET 动态网页开发		
学习领域 5	Photoshop 程序设计		
学期	第 4 学期	学时	64 学时
职业能力要求	1. 能使用 Photoshop 工具箱中工具进行图像绘制、图像修复和编辑； 2. 会制作动画与网页图像； 3. 掌握使用 Photoshop 进行数码照片处理、平面广告设计、文字设计及网页美工的基本应用； 4. 掌握 Photoshop 平面设计的基本技巧，基本达到平面设计岗位的职业能力的要求		

续上表

学习领域 5	Photoshop 程序设计		
学期	第 4 学期	学时	64 学时
学习目标	1. 掌握 Photoshop 的系统设置与管理; 2. 熟练掌握 Photoshop 软件中各工具的使用; 3. 掌握 Photoshop 常用图像文件的格式,掌握图像的存储与输出; 4. 了解图像的获取与建立,了解图像的颜色模式; 5. 熟练掌握平面图像的各种处理; 6. 掌握图像输入输出及打印方式		
学习内容	学习情境 1:Photoshop CS5 安装; 学习情境 2:Photoshop CS5 工具使用; 学习情境 3:图像色调与色彩的调整; 学习情境 4:Photoshop CS5 图层的应用; 学习情境 5:Photoshop CS5 路径的应用; 学习情境 6:Photoshop CS5 通道与蒙版的应用; 学习情境 7:Photoshop CS5 滤镜的使用; 学习情境 8:动作和自动化命令; 学习情境 9:课程综合实践		
学习领域 6	计算机组装与维护		
学期	第 5 学期	学时	39 学时
职业能力要求	1. 培养学生识别主机(主板、中央处理器、内存条、电源与机箱); 2. 培养学生存储设备、输入/输出设备等主要配件的识别、安装和日常维护; 3. 培养学生安装、调试硬件以及安装操作系统等基本操作; 4. 培养学生常用工具软件的使用方法和微型计算机常见故障维修		
学习目标	1. 如何选购计算机硬件和其他计算机设备; 2. 学会组装计算机; 3. 学会设置 BIOS 和硬盘分区; 4. 学会安装操作系统和常用软件; 5. 熟悉计算机系统备份与优化; 6. 学会构建虚拟计算机测试平台; 7. 了解计算机的日常维护、安全维护、故障基础和排除计算机故障等知识		
学习内容	学习情境 1:计算机组装准备; 学习情境 2:选购计算机硬件; 学习情境 3:选购计算机其他设备; 学习情境 4:组装计算机; 学习情境 5:设置 BIOS 和硬盘分区; 学习情境 6:安装操作系统和常用软件; 学习情境 7:计算机系统备份与优化; 学习情境 8:构建虚拟计算机测试平台; 学习情境 9:计算机的日常维护; 学习情境 10:计算机的安全维护		

5. 独立实践环节教学标准

独立实践环节是培养学生专业技能、操作能力的重要环节，本阶段的专项实训应该与相应课程紧密结合，生产实习和毕业顶岗实习应该规范管理。独立实践环节教学标准如表2-12所示。

独立实践环节教学标准　　表2-12

学习领域	毕业顶岗实习		
学期	第6学期	学时	570学时
职业能力要求	1. 通过毕业顶岗实习使学生加深对专业理论知识的理解，培养和提高学生实际操作和分析问题、解决问题的能力； 2. 使学生综合运用所学理论知识与网络工程和管理实践紧密结合，为毕业后从事计算机网络方面的工作打下良好的基础		
学习目标	1. 在实习过程中认知网络工程和管理等企业的工作流程和各岗位的职责任务，提高岗位的适应能力，学会以各种方式学习，综合素质要有明显提高； 2. 将网络施工等专业知识和相关政策法规结合，运用到相应的实践岗位，提高观察问题、发现问题、分析问题、解决问题的能力，提高专业水平； 3. 在规范有序的实际工作中养成努力钻研、吃苦耐劳的精神		
学习内容	1. 掌握各种网络产品的种类、功能、构造及组成等，能进行现场读图和配置； 2. 掌握各种网络工程布线的施工方法、网络管理的配置、计算机网络编程、网站的建设和管理，并能编制各种网络建设方案； 3. 熟悉新技术、新工艺、新方法，特别是技术管理、综合布线的工作职责、技术文件的分类及整理等		

（二）教学组织

贯彻“合作办学、合作育人、合作发展”的理念，按照“依托行业、对接产业、定位职业、服务社会”的专业建设思路，以行动导向实施课程教学，形成以教师为主导、学生为主体、教学做合一、理论与实践合一、工学结合的教学模式。始终要重视学生在校学习与实际工作的一致性，采取工学交替、任务驱动、项目导向的一体化教学模式，运用任务驱动法、项目导向法、情境教学法、案例分析法、现场教学法、课堂讨论法等教学方法进行教学，立足于加强学生实际操作能力的培养。

核心课程建议采用“任务驱动、项目导向”教学法，通过典型的工作任务或项目，由教师提出要求或示范，组织学生进行活动，注重“教”与“学”的互动，让学生在活动中增强爱岗敬业、团结协作的意识，实现技能与素质的同步提高。实施“教、学、做”一体化教学，提高学生的学习兴趣，有效培养学生的职业能力；教师可着重进行引导并实施监督和评价。实践课程要加强对学生的引导、示范，创设工作情境，让学生亲自动手，提高学生岗位适应能力和分析、处理问题的能力。

在教学过程中，要充分借鉴多媒体、教学资源库、网络资源等教学资源辅助教学，帮助学生理解所学知识。重视本专业领域新技术、新工艺、新设备的发展趋势。充分利用校外实训基地，校企合作，工学结合，积极引导学生提升职业素养和职业道德，紧密结合职业技能证书的考核,加强取证项目的训练。

(三)考核评价

吸纳用人单位专家参与教学质量评价,建立以能力为核心、以过程为重点的学习绩效考核评价体系。针对不同类型的课程采用不同的考核方法。对公共基础课程,建议采取理论考核的方法;对于专业学习领域,建议采取过程考核与综合考核相结合的方式;对于实践学习领域,尽量采用实操考核、过程考核的方法。具体原则如下:

1. 公共基础学习领域

总评成绩 = 平时成绩(考勤、提问、作业等)×40% + 期终考核 ×60%。

2. 专业学习领域

采取过程考核与综合考核相结合的评价方式,同时根据学生取得相应工种的职业资格证书的情况,综合评价学生成绩。其中过程考核包括学习态度、课程作业等,占课程总成绩的40%;综合考核包括期末考试、实践考核等,占课程总成绩的60%。如学生取得相应工种的职业资格证书,则该门课程考核合格。

3. 独立实践环节

以工作态度、实际操作和实习报告等情况综合评定学生成绩,其中工作态度、实际操作等占80%(在企业完成的项目由企业指导教师评定),实习报告占20%。

(执笔人:刘造新)

第三部分　附　　件

附件1:《网络信息安全》课程标准

一、课程定位

本课程定位如表1所示。

课程定位表　　表1

课程名称及编号	网络信息安全,523033
开设学期及学时	第3学期,共计68学时
课程类型	专业核心学习领域
先导课程	数据通信与计算机网络、数据结构
平行课程	Windows服务器维护与管理、JAVA程序设计
后续课程	网络互联、综合布线

二、课程性质

本课程是计算机网络技术专业的专业核心课程,其目标是培养学生熟练运用信息安全基本技术、系统平台安全技术、信息网络安全及信息安全综合保障等相关技术的能力。它是网络互联、服务器技术与应用、中小型网络设计与集成等技术的基础。通过学习,学生从网络信息系统安全性、可信性、可用性等方面入手,掌握相关的知识与技能。

三、课程设计思路

本课程以信息安全保障体系为内容框架,内容覆盖了信息保密技术、信息认证技术、访问控制技术、操作系统平台安全技术、邮件安全技术、防火墙技术、VPN技术、网络侦察扫描技术、网络攻击与防范技术、入侵检测技术等,内容全面,体系完整。及时将信息安全领域的新技术、新手段、新工具融入体系。本课程注重内容结构的逻辑性,围绕解决具体信息安全问题这一目的,由信息安全试验引入,通过信息安全基本技术、信息平台安全、信息应用安全以及信息网络安全试验,层层深入,最后以信息安全综合保障试验结束,由浅入深、层次分明,有利于学生对信息安全技术的掌握和实践,能更好地培养具有全面素质和能力的信息安全技术人才。

四、课程目标

(一)知识目标

(1)掌握信息保密技术;
(2)掌握信息认证技术;
(3)掌握访问控制技术;

(4)掌握系统平台安全技术；
(5)掌握信息应用安全技术；
(6)掌握信息网络安全技术；
(7)掌握信息安全综合保障技术。

(二)能力目标

(1)具备信息保密技术能力；
(2)具备信息认证技术能力；
(3)具备访问控制技术能力；
(4)具备操作系统平台安全技术能力；
(5)具备邮件安全技术能力；
(6)具备防火墙技术能力；
(7)具备 VPN 技术能力；
(8)具备网络侦察扫描技术能力；
(9)具备网络攻击与防范技术能力；
(10)具备入侵检测技术能力；
(11)具备勤劳诚信、善于协作配合、善于沟通交流等职业素养。

(三)素质目标

(1)培养学生用发展的眼光进行网络信息系统安全的管理与维护；
(2)培养学生重视网络信息安全对网络安全运行的重要意义；
(3)培养学生在管理中用科学的方法和严谨的态度对网络信息系统安全进行维护和管理；
(4)注重遵章守纪、积极思考、耐心、细致、勇于实践、竞争意识等职业素质的养成。

五、课程内容与学习目标

(一)课程内容结构安排

本课程分为信息保密技术等7个学习情境、对称密钥算法 DES 等28个工作任务，具体见表2。

课程内容结构安排一览表 表2

序号	学习情境	工作任务	参考学时
1	信息保密技术	对称密钥算法 DES	2
		非对称密钥算法 RSA	2
		Windows 下的 VPN	2
		Linux 下的 VPN	2
2	信息认证技术	账号与口令破解	2
		Windows 账号与口令安全设置	2
		Windows 7 的证书服务	2
		创建 Kerberos 服务	2

续上表

序号	学习情境	工作任务	参考学时
3	访问控制技术	Windows 7 的端口设置与 IP 筛选	4
		CA 个人防火墙的配置与使用	4
4	系统平台安全技术	Windows 7 基线风险评估	2
		Windows 7 策略设置	2
		Linux 文件系统的安全	2
		Linux 系统安全设置	2
5	信息应用安全技术	Windows 7 使用 PGP 保证电子邮件安全	2
		Linux 使用 GnuPG 保证电子邮件安全	2
		Windows 7 证书服务实现 SSL 连接	2
		Linux 下的 Web 和 FTP 安全配置	2
6	信息网络安全技术	数据包扑捉与分析	2
		主机与端口扫描	2
		漏洞扫描与安全评估	2
		缓冲区溢出攻击与防范	2
		拒绝服务攻击与防范	2
		Windows 7 下的入侵检测系统	4
		Linux 下的入侵检测 LIDS	4
7	信息安全综合保障技术	VPN 产品的部署及配置	2
		VPN 功能的实现	2
		防火墙产品的部署及配置	4
		防火墙功能的实现	2
合计			68

(二)课程内容要求(表3)

课 程 内 容 要 求 表3

学习情境1:信息保密技术	参考学时:8
学习目标: 1. 学习 DES、RSA 算法原理; 2. 能使用 DES、RSA 算法进行加密和解密计算; 3. 熟悉 VPN 的实现原理; 4. 熟练掌握 VPN 的连接方法	
学习内容: 1. 对 DES、RSA 算法进行分析; 2. 使用 DES、RSA 算法对数据进行加密和解密; 3. DES、RSA 的实现和加密原理; 4. VPN 的实现原理和连接方法	

<table>
<tr><td>学习情境 1:信息保密技术</td><td>参考学时:8</td></tr>
<tr><td>教学资源:
1. 讲义、教案、多媒体课件等;
2. 施工案例、规范规程、施工手册等</td><td>对学生基础要求:
1. 对信息保密技术及相关知识有一定的了解;
2. 具备较好的逻辑思维能力;
3. 具备较好的沟通能力</td></tr>
<tr><td>学习情境 2:信息认证技术</td><td>参考学时:8</td></tr>
<tr><td colspan="2">学习目标:
1. 密码和口令破解;
2. 账号和口令安全策略设置;
3. 证书服务的安装与使用;
4. 创建 Kerberos 服务</td></tr>
<tr><td colspan="2">学习内容:
1. 了解口令与账号的安全性问题;
2. 熟练掌握账号和口令安全策略设置;
3. 实现证书服务的安装与使用;
4. 创建 Kerberos 服务;
5. 设置 Kerberos 服务属性</td></tr>
<tr><td>教学资源:
1. 讲义、教案、多媒体课件、图纸、模型等;
2. 施工案例、规范规程、施工手册等</td><td>对学生基础要求:
1. 具备计算机口令与账号知识,掌握 Kerberos 服务;
2. 具备较好的逻辑思维能力;
3. 具备较好的沟通能力;
4. 具有较好的操作能力</td></tr>
<tr><td>学习情境 3:访问控制技术</td><td>参考学时:8</td></tr>
<tr><td colspan="2">学习目标:
1. Windows 7 的端口设置与 IP 筛选;
2. CA 个人防火墙的配置与使用</td></tr>
<tr><td colspan="2">学习内容:
1. 端口相关知识与设置;
2. IP 设置与筛选;
3. CA 个人防火墙的配置与使用</td></tr>
<tr><td>教学资源:
1. 讲义、教案、多媒体课件、图片等;
2. 施工案例、规范规程、施工手册等</td><td>对学生基础要求:
1. 具备计算机端口知识,具备计算机 IP 知识;
2. 具备较好的逻辑思维能力;
3. 具备较好的沟通能力;
4. 具有较好的操作能力</td></tr>
</table>

续上表

<table>
<tr><td>学习情境 4:系统平台安全技术</td><td>参考学时:8</td></tr>
<tr><td colspan="2">学习目标:
1. Windows 7 基线风险评估;
2. Windows 7 策略设置;
3. Linux 文件系统的安全;
4. Linux 系统安全设置</td></tr>
<tr><td colspan="2">学习内容:
1. Windows 7 基线风险评估方式;
2. Windows 7 策略设置;
3. Linux 系统安全设置</td></tr>
<tr><td>教学资源:
1. 讲义、教案、多媒体课件、图片等;
2. 施工案例、规范规程、施工手册等</td><td>对学生基础要求:
1. 具备 Windows 7、Linux 操作系统使用能力;
2. 具备较好的逻辑思维能力;
3. 具备较好的沟通能力;
4. 具有较好的操作能力</td></tr>
<tr><td>学习情境 5:信息应用安全技术</td><td>参考学时:8</td></tr>
<tr><td colspan="2">学习目标:
1. Windows 7 使用 PGP 保证电子邮件安全;
2. Linux 使用 GnuPG 保证电子邮件安全;
3. Windows 7 证书服务实现 SSL 连接;
4. Linux 下的 Web 和 FTP 安全配置</td></tr>
<tr><td colspan="2">学习内容:
1. PGP 相关知识及应用;
2. GnuPG 相关知识及应用;
3. SSL 相关知识及应用;
4. FTP 相关知识及应用</td></tr>
<tr><td>教学资源:
1. 讲义、教案、多媒体课件、图片等;
2. 施工案例、规范规程、施工手册等</td><td>对学生基础要求:
1. 具备电子邮件知识,具备计算机 SSL、FTP 知识;
2. 具备较好的逻辑思维能力;
3. 具备较好的沟通能力;
4. 具有较好的操作能力</td></tr>
<tr><td>学习情境 6:信息网络安全技术</td><td>参考学时:18</td></tr>
<tr><td colspan="2">学习目标:
1. 数据包扑捉与分析;
2. 主机与端口扫描;
3. 漏洞扫描与安全评估;
4. 缓冲区溢出攻击与防范;
5. 拒绝服务攻击与防范;
6. Windows 7 下的入侵检测系统;
7. Linux 下的入侵检测 LIDS</td></tr>
</table>

续上表

<table>
<tr><td colspan="2">学习情境 6:信息网络安全技术</td><td>参考学时:18</td></tr>
<tr><td colspan="3">学习内容:
1. 数据包扑捉与分析;
2. 主机与端口扫描;
3. 漏洞扫描与安全评估;
4. 缓冲区溢出攻击与防范;
5. 拒绝服务攻击与防范;
6. Windows 7 下的入侵检测系统;
7. Linux 下的入侵检测 LIDS</td></tr>
<tr><td>教学资源:
1. 讲义、教案、多媒体课件、图片等;
2. 施工案例、规范规程、施工手册等</td><td colspan="2">对学生基础要求:
1. 具备计算机端口知识和计算机网络知识;
2. 具备较好的逻辑思维能力;
3. 具备较好的沟通能力;
4. 具有较好的操作能力</td></tr>
<tr><td colspan="2">学习情境 7:信息安全综合保障技术</td><td>参考学时:10</td></tr>
<tr><td colspan="3">学习目标:
1. VPN 产品的部署及配置;
2. VPN 功能的实现;
3. 防火墙产品的部署及配置;
4. 防火墙功能的实现</td></tr>
<tr><td colspan="3">学习内容:
1. VPN 产品的部署及配置;
2. VPN 功能的实现;
3. 防火墙产品的部署及配置;
4. 防火墙功能的实现</td></tr>
<tr><td>教学资源:
1. 讲义、教案、多媒体课件、图片等;
2. 施工案例、规范规程、施工手册等</td><td colspan="2">对学生基础要求:
1. 具备计算机 VPN 知识,具备计算机防火墙知识;
2. 具备较好的逻辑思维能力;
3. 具备较好的沟通能力;
4. 具有较好的操作能力</td></tr>
</table>

六、课程实施建议

(一)教材及参考资源建议

1. 教材

王新昌. 信息安全技术实验.[M]. 北京:清华大学出版社,2007.

2. 参考书

[1]刘建伟. 网络安全——技术与实践[M]. 北京:清华大学出版社,2007.

[2]胡铮. 网络与信息安全[M]. 北京:清华大学出版社,2006.

（二）师资条件建议

（1）专任教师：具有高校教师资格证，具有网络信息安全管理岗位工作经历，精通网络信息安全相关的基本理论与专业能力，具有较强的教科研能力。

（2）兼职教师：具有 2 年以上网络信息安全管理及相关岗位工作经历，有丰富的实际工作经验，具有中级以上专业技术职务或在职业技能竞赛中获得过奖励，具有较强的教学组织能力。

（三）实验实训条件建议

本课程对实验实训条件的要求如表 4 所示。

实验实训条件配置建议表 表 4

实训室名称	主要设备名称	主要实训项目
网络信息安全实训室	1. 多台联网运行 Windows 7 和 Linux 操作系统的计算机； 2. 各种网络信息安全相关软件	1. 信息保密技术实训； 2. 信息认证技术实训； 3. 访问控制技术实训； 4. 系统平台安全技术实训； 5. 信息应用安全技术实训； 6. 信息网络安全技术实训； 7. 信息安全综合保障技术实训

（四）教学方法建议

针对具体的教学内容和教学过程，总体采用项目教学法。在具体教学过程中，采用任务引导法、案例法、小组协作学习法等多种方法组织教学，以学生为中心，“做中学、学中做”，让学生人人参与，培养学生的团队协作能力和实践动手能力。

（五）教学评价建议

本课程采用过程考核、综合考核等多元性评价，其中过程考核包括学习态度、课程作业，占课程总成绩的 40%；综合考核包括期中考试等，占课程总成绩的 60%，全面综合评价学生能力。考核评价建议见表 5。

课 程 考 核 表 表 5

考核项目		考核方式	比例	
			分项	总体
过程考核	学习态度	根据课堂教学参与情况，课堂回答问题、出勤情况，由教师综合评定学生的学习态度得分	50%	40%
	课程作业	根据学生完成课后作业、任务工单的情况由教师来评定成绩	50%	
综合考核		结合实践考核、技能鉴定、小组评价、期中考试、学习总结等综合评定学生成绩	100%	60%
合计				100%

（课程标准制订人：王小龙）

附件2:《ASP. NET》课程标准

一、课程定位

本课程定位如表1所示。

课 程 定 位 表 表1

课程名称及编号	ASP. NET,53000540
开设学期及学时	第4学期,共计80学时
课程类型	专业核心学习领域
先导课程	数据结构、网络信息安全
平行课程	网络互联、网页设计、SQL Server 数据库管理
后续课程	综合布线、Linux 基础、JSP 程序设计

二、课程性质

本课程是计算机网络技术专业的专业核心课程,是C#程序设计语言、关系数据库和动态网页设计等课程的综合应用。本课程内容注重Web应用程序设计的一般过程和步骤,以及网站开发过程所需的实用技术,课程对理论知识和实践环节的要求都较高。

三、课程设计的思路

本课程以培养学生职业技能与职业素质为目标。在调研的基础上,分析职业岗位能力需求,通过对企业项目的精心提炼,对教学内容进行整合,以基于工作过程和任务驱动方式设计实践项目,培养学生职业技能与职业素质。通过对企业项目的精心提炼,形成技术性、先进性与实用性符合职业岗位对 . net 技术能力的要求的教学内容。通过相关教学内容的学习,以培养学生的 . net 技术职业技能。

四、课程目标

(一)知识目标

(1)独立安装 Visual Studio . NET 2005 及以上版本开发工具能力;
(2)配置 ASP. NET 2. 0 以上版本网站的运行环境能力;
(3)进行编写 Web. Config 配置文件能力;
(4)使用基于 MVC 三层架构的设计模式能力;
(5)设计符合 WEB2. 0 标准网站的页面能力;
(6)利用数据层 SqlHelper. cs 类操作数据库能力;
(7)处理网站的安全漏洞能力;
(8)使用 Visual Studio. NET 编译网站程序能力;
(9)使用 CuteFTP 工具发布网站到远程服务器能力。

(二)能力目标

(1)创建网站所需素材收集与整理能力;
(2)构建 ASP. NET 动态网页运行环境能力;
(3)使用开发工具创建网站的能力;
(4)使用 ASP. NET 控件工具箱创建服务器控件及控件的设置和编写响应代码的能力;
(5)利用内置对象来获取信息及传递页面信息能力;
(6)通过数据访问控件显示及访问后台数据库能力。

(三)素质目标

(1)培养学生的可持续发展的能力;
(2)培养学生与人合作的能力;
(3)利用英文版软件培养学生的外语应用能力;
(4)注重遵章守纪、积极思考、耐心、细致、勇于实践、竞争意识等职业素质的养成。

五、课程内容与学习目标

(一)课程内容结构安排

本课程分为 ASP. NET 项目开发环境及配置等 6 个学习情境、安装开发环境等 12 个工作任务,具体见表 2。

课程内容结构安排一览表 表 2

序号	学习情境	工作任务	参考学时
1	ASP. NET 项目开发环境及配置	安装开发环境	2
		创建 WEB 应用程序步骤	2
2	ASP. NET 项目规划与设计	ASP. NET 项目需求分析	6
		网站项目规划及制作效果图	14
		设计网站项目数据库	8
3	网站前台的制作	网站项目页面布局	10
		编写网站前台代码	10
4	网站后台功能的实现	编写网站后台代码	18
5	网站项目安全管理	网站安全技术	4
		网络安全技术	2
6	编辑及发布网站	网站的编译方案	2
		网站的发布方案	2
合计			80

（二）课程内容要求（表3）

课 程 内 容 要 求　　表3

<table>
<tr><td>学习情境1：ASP. NET项目开发环境及配置</td><td>参考学时：4</td></tr>
<tr><td colspan="2">学习目标：
1. 能进行开发工具的安装及环境配置；
2. 创建WEB应用程序；
3. 创建WEB网页；
4. 会运行WEB网站</td></tr>
<tr><td colspan="2">学习内容：
1. Visual Studio . NET 2005 开发工具安装；
2. ASP. NET运行的环境的配置；
3. 建立IIS的网站管理及虚拟目录；
4. 利用IIS管理ASP. NET动态网页；
5. 创建ASP. NET Web应用程序，创建新ASP. NET网页，保存和浏览网页</td></tr>
<tr><td>教学资源：
1. 讲义、教案、多媒体课件、图片、FLASH动画等；
2. 实训指导书、任务工单、平台配置文件、应用程序案例、程序调试常见错误案例</td><td>对学生基础要求：
1. 具备ASP. NET概念的基础知识；
2. 资料的收集能力、PPT文档的制作能力；
3. 具有良好的与他人沟通与协作的能力</td></tr>
<tr><td>学习情境2：ASP. NET项目规划与设计</td><td>参考学时：28</td></tr>
<tr><td colspan="2">学习目标：
1. 性能需求分析，形成需求文档；
2. 规划网站的整体结构制作网站效果图；
3. 分析网站项目的相关实体并创建数据模型；
4. 创建数据库及数据表；
5. 数据库用户及数据管理</td></tr>
<tr><td colspan="2">学习内容：
1. 项目的描述，掌握网站的目标；
2. 项目开发需求分析文档的形成；
3. 小型商业网站的规划及对网站进行定位；
4. 图像处理工具在网站开发中的运用；
5. 使用Photoshop或Fireworks制作网站效果图；
6. 图像处理工具分割网站效果图；
7. 分析网站所需的实体对象；
8. 利用Visio或Rose创建数据模型；
9. 利用SQL Server数据库创建数据库和数据表；
10. 能够编写网站项目中包含的存储过程和触发器；
11. 能够管理数据库的安全性、数据备份及还原</td></tr>
</table>

续上表

学习情境 2:ASP. NET 项目规划与设计	参考学时:28
教学资源: 1. 讲义、教案、多媒体课件、图片、FLASH 动画等; 2. 实训指导书、任务工单、平台配置文件、应用程序案例、程序调试常见错误案例	对学生基础要求: 1. 了解项目需求分析框关知识; 2. 具备网页制作的基本知识,理解分割图的概念,具有简单的图形图像处理能力,具有简单的动画处理能力; 3. 具备数据库基础知识,了解 SQLServer 数据库管理系统的功能、特点及简单使用,了解数据库与数据表之间的关系
学习情境 3:网站前台的制作	参考学时:20
学习目标: 1. 熟悉网站开发环境; 2. DIV + CSS 页面布局基础; 3. 网站项目页面布局; 4. 网站项目中添加控件及绑定控件; 5. 网站业务层类的调用	
学习内容: 1. 掌握 Dreamweaver 的开发环境; 2. 掌握 CSS 的语法并处理页面效果; 3. 能够使用 DIV + CSS 对页面进行布局; 4. 能够灵活使用 WEB 服务器控件; 5. 能够使用数据验证控件; 6. 能够使用数据绑定控件; 7. 能够运用 ASP. NET 中常用的内部对象; 8. 能够灵活运用 GridView 控件操作数据; 9. 选择、更新和删除 GridView 中的记录	
教学资源: 1. 讲义、教案、多媒体课件、图片、FLASH 动画等; 2. 实训指导书、任务工单、平台配置文件、应用程序案例、程序调试常见错误案例	对学生基础要求: 1. 了解使用表格布局网页的知识,使用框架布局网页,了解层叠样式表的使用,以及层的基本功能、特点和使用方法; 2. 了解相关控件的功能、如何设置控件的属性,了解控件的方法和事件,对 GricView 控件有一定的了解; 3. 具有良好的与他人沟通与协作的能力、资料的收集能力、PPT 文档的制作能力
学习情境 4:网站后台功能的实现	参考学时:18
学习目标: 1. 网站业务层的调用; 2. 网站项目中栏目管理; 3. 网站项目中新闻管理; 4. 网站项目中信息审核; 5. 网站项目编辑器使用; 6. 网站项目系统设置	

续上表

<table>
<tr><td>学习情境4:网站后台功能的实现</td><td>参考学时:18</td></tr>
<tr><td colspan="2">学习内容:
1. 能够在网站项目中调用业务层;
2. 能够实现对数据的添加、删除、修改操作;
3. 能够创建后台网站项目文件;
4. 能够使用各种在线网页编辑器</td></tr>
<tr><td>教学资源:
1. 讲义、教案、多媒体课件、图片、FLASH 动画等;
2. 实训指导书、任务工单、平台配置文件、应用程序案例、程序调试常见错误案例</td><td>对学生基础要求:
1. 具备程序设计的基础知识;
2. 具备数据库的基础知识;
3. 具有良好的与他人沟通与协作的能力;
4. 资料的收集能力、PPT 文档的制作能力</td></tr>
<tr><td>学习情境5:网站项目安全管理</td><td>参考学时:6</td></tr>
<tr><td colspan="2">学习目标:
1. 网络安全技术;
2. 身份验证技术;
3. 数据库的安全性;
4. 数据库的备份与还原</td></tr>
<tr><td colspan="2">学习内容:
1. 了解网站安全技术包含的内容;
2. 掌握网站安全技术及解决方案;
3. 在 WEB 程序中能灵活运用网站安全技术;
4. 确保编写的 WEB 应用程序在网络上安全使用</td></tr>
<tr><td>教学资源:
1. 讲义、教案、多媒体课件、图片、FLASH 动画等;
2. 实训指导书、任务工单、平台配置文件、应用程序案例、程序调试常见错误案例</td><td>对学生基础要求:
1. 了解网络安全的基础知识;
2. 了解相关的网络安全技术;
3. 理解网络安全的重要性;
4. 具有良好的与他人沟通与协作的能力;
5. 资料的收集能力、PPT 文档的制作能力</td></tr>
<tr><td>学习情境6:编辑及发布网站</td><td>参考学时:4</td></tr>
<tr><td colspan="2">学习目标:
1. 网站编译方案;
2. 网站发布方案;
3. FTP 文件管理工具的配置;
4. CuteFTP 软件的使用;
5. Visual Studio . NET 开发环境中编译 WEB 程序;
6. 在 Visual Studio . NET 中进行网站的编译和发布</td></tr>
</table>

续上表

<table>
<tr><td>学习情境6:编辑及发布网站</td><td>参考学时:4</td></tr>
<tr><td colspan="2">学习内容:
1. 了解 ASP. NET 网站编译的作用;
2. 掌握 ASP. NET 网站编译的技术及解决方案;
3. 运用发布时编译技术对网站编译;
4. 掌握网站的发布</td></tr>
<tr><td>教学资源:
1. 讲义、教案、多媒体课件、图片、FLASH 动画等;
2. 实训指导书、任务工单、平台配置文件、应用程序案例、程序调试常见错误案例</td><td>对学生基础要求:
1. 了解编译网站的原理;
2. 具有 FTP 软件的基础知识;
3. 了解发布网站的全过程;
4. 具有良好的与他人沟通与协作的能力;
5. 资料的收集能力、PPT 文档的制作能力</td></tr>
</table>

六、课程实施建议

(一)教材及参考资源建议

1. 教材

王凤岭. ASP. NET 程序设计实用技术[M]. 北京:人民邮电出版社,2005.

2. 参考书

[1]尚俊杰. ASP. NET 程序设计[M]. 北京:清华大学出版社,2004.

[2]郑阿奇. ASP. NET3. 5 实用教程[M]. 北京:电子工业出版社,2009.

[3]韩海雯. Web 程序设计——ASP. NET[M]. 北京:人民邮电出版社,2008.

(二)师资条件建议

(1)专任教师:具有高校教师资格证,具有网站开发与设计工作经历,精通程序设计语言基本理论与专业知识,具有较强的教科研能力。

(2)兼职教师:具有 5 年以上程序开发及相关岗位工作经历,有丰富的实际工作经验,具有中级以上专业技术职务或在职业技能竞赛中获得过奖励,具有较强的教学组织能力。

(三)实验实训条件建议

本课程对实验实训条件的要求如表 4 所示。

实验实训条件配置建议　　表 4

实训室名称	主要设备名称	主要实训项目
计算机软件开发实训室	1. 硬件:计算机、投影仪; 2. 软件:Visual Studio. NET 2005; 3. 系统:Windows	1. 学生信息管理系统; 2. 图书信息管理系统; 3. 在线考试系统

(四)教学方法建议

针对具体的教学内容和教学过程,总体采用项目教学法。在具体教学过程中,采用任务引导法、案例法、小组协作学习法等多种方法组织教学,以学生为中心,“做中学、学中做”,让学生人人参与,培养学生的团队协作能力和实践动手能力。

(五)教学评价建议

本课程采用过程考核、综合考核等多元性评价,其中过程考核包括学习态度、课程作业,占课程总成绩的40%;综合考核包括期末考试等,占课程总成绩的60%,全面综合评价学生能力。具体考核建议如表5所示。

课程考核表　　表5

考核项目		考核方式	比例	
			分项	总体
过程考核	学习态度	根据课堂教学参与情况,课堂回答问题、出勤情况,由教师综合评定学生的学习态度得分	50%	40%
	课程作业	根据学生完成课后作业、任务工单的情况由教师来评定成绩	50%	
综合考核		结合期末考试、实践考核等综合评定学生成绩	100%	60%
合计				100%

(课程标准制订人:黄小花)

附件3:《网络互联》课程标准

一、课程定位

本课程定位如表1所示。

课程定位表　　表1

课程名称及编号	网络互联,512027
开设学期及学时	第4学期,共计64学时
课程类型	专业核心课程
先导课程	数据通信与计算机网络、网络信息安全、Windows服务器维护与管理
平行课程	网页设计、ASP. NET程序设计
后续课程	综合布线、Linux基础、JSP程序设计

二、课程性质

本课程是计算机网络技术专业的专业核心课程,其目标是培养学生规划、维护一个局域网的能力。本门课程是服务器技术与应用、中小型网络设计与集成等课程的学习基础。通过本课程的学习,学生应达到CCNA相应的知识与技能要求。

三、课程设计思路

本课程立足于职业能力培养，采用项目为逻辑主线组织教学内容和实施课程教学，打破以知识传授为主要特征的传统学科课程模式，将完成工作任务必需的相关理论知识构建于项目之中，学生在完成具体项目的过程中学会完成相应工作任务，掌握必备的理论知识，训练职业能力。课程以项目为载体选取教学内容和组织教学，项目课程旨在用工作任务设计出学习项目，为学生创造一个职业化的学习情境，使学生在实际情境中获得真正的职业能力。在项目课程设计中，围绕工作任务来进行开放性设计，许多情况下项目是跨任务的，本课程的项目与工作任务采用分段式和对应式两种匹配模式。以 CCNA 职业资格、网络工程师等为主要参考，以管理和维护中小型局域网为首要目标，通过将知识内容划分为不同的项目任务，完成相应的工作任务来完成学习目标。本课程融合了 CCNA 职业资格相应的知识与技能要求，教学效果评价采取过程评价与综合评价相结合的方式，通过理论与实践相结合，重点评价学生的职业能力。

四、课程目标

（一）知识目标

（1）掌握网络测试中的基本命令；
（2）熟练掌握交换机的基本配置，包括三层交换机的配置；
（3）抑制广播风暴，掌握生成树协议配置；
（4）掌握静态路由和默认路由配置；
（5）掌握 RIP 动态路由配置；
（6）掌握基本的网络安全控制技术访问控制列表；
（7）掌握 NAT 及 DHCP 的配置。

（二）能力目标

（1）能设计规划一个中小规模局域网，并绘制相应拓扑图；
（2）能根据故障现象，判断并排除网络故障；
（3）能管理及维护一个中小规模局域网。

（三）素质目标

（1）培养学生用发展的眼光规划中小型局域网建设；
（2）培养学生了解网络设备安全运行的基本知识；
（3）培养学生在管理中用科学的方法和严谨的态度对中小规模局域网进行维护和管理；
（4）注重遵章守纪、积极思考、耐心、细致、勇于实践、竞争意识等职业素质的养成。

五、课程内容与学习目标

（一）课程内容结构安排

本课程分为网络工程等 4 个学习情境、简单网络工程实现等 15 个工作任务，具体见表 2。

课程内容结构安排一览表 表2

序号	学习情境	工作任务	参考学时
1	网络工程	简单网络工程实现	4
		网络设备的选型	2
2	交换机配置	交换机基本配置	2
		VLAN 及 VTP 配置	4
		三层交换路由配置	6
		三层交换多 VLAN 配置	6
		生成树协议配置	6
3	路由器配置	静态路由配置	4
		默认路由配置	4
		RIP 协议配置	8
		NAT 配置	4
		DHCP 配置	4
4	维护管理与安全控制	交换机和路由器密码设置与恢复	2
		使用 Telnet 和主机名解析	2
		ACL 配置	6
合计			64

(二)课程内容要求(表3)

课程内容要求 表3

<table>
<tr><td>学习情境1:网络工程基础</td><td>参考学时:6</td></tr>
<tr><td colspan="2">学习目标:
1. 了解网络参考模型;
2. 了解网络互联设备;
3. 掌握 IP 地址与子网划分;
4. 学会给网络设备选型;
5. 掌握网络常用操作命令</td></tr>
<tr><td colspan="2">学习内容:
1. 网络工程基础;
2. 常用基本操作命令</td></tr>
<tr><td>教学资源:
1. 讲义、教案、多媒体课件、规程等;
2. 施工案例(设备选型)等</td><td>对学生基础要求:
1. 对网络知识有基本的了解;
2. 具备较好的逻辑思维能力;
3. 具备较好的沟通能力</td></tr>
</table>

续上表

学习情境2:交换机配置	参考学时:24
学习目标: 1. 交换机基本配置; 2. VLAN 配置; 3. 生成树协议配置; 4. 三层交换路由配置	
学习内容: 1. 了解路由和 VLAN 的基本概念; 2. 学会配置 VLAN; 3. 学会配置生成树协议; 4. 了解三层交换路由及三层交换配置	
教学资源: 1. 讲义、教案、多媒体课件、图纸、模型等; 2. 施工案例、规范规程、施工手册等	对学生基础要求: 1. 具备绘制拓扑图的基本能力; 2. 具备较好的逻辑思维能力; 3. 具备较好的沟通能力
学习情境3:路由器配置	参考学时:24
学习目标: 1. 静态路由及默认路由配置; 2. RIP 配置; 3. NAT 配置; 4. DHCP 配置	
学习内容: 1. 了解路由器的作用,默认路由的作用及配置; 2. 静态路由和动态路由,静态路由的配置; 3. RIP 动态路由配置; 4. NAT 地址转换; 5. 路由器 DHCP 服务	
教学资源: 1. 讲义、教案、多媒体课件、图片等; 2. 施工案例、规范规程、施工手册等	对学生基础要求: 1. 具备计算机网络基础知识,具有熟练的文字处理能力,动手能力强; 2. 具有规划一个网络的能力; 3. 具备较好的逻辑思维能力; 4. 具备较好的沟通能力
学习情境4:维护管理与安全控制	参考学时:10
学习目标: 1. 交换机和路由器密码设置与恢复; 2. 使用 Telnet 和主机名解析; 3. ACL 访问控制列表	

续上表

学习情境4:维护管理与安全控制	参考学时:10
学习内容: 1. 交换机和路由器密码设置与恢复; 2. 使用 Telnet 和主机名登录交换机和路由器; 3. 标准 ACL 配置; 4. 扩展 ACL 配置	
教学资源: 1. 讲义、教案、多媒体课件、图片等; 2. 施工案例、规范规程、施工手册等	对学生基础要求: 1. 具备路由器和交换配置的基本能力; 2. 具备较好的逻辑思维能力; 3. 具备较好的沟通能力

六、课程实施建议

(一)教材建议

孙兴华,张晓. 网络工程实践教程[M]. 北京:人民交通出版社,2010.

(二)师资条件建议

(1)专任教师:具有高校教师资格证,具有计算机网络管理与维护工作经历,精通计算机网络技术相关的基本理论与专业知识,具有较强的教科研能力。

(2)兼职教师:具有 2 年以上计算机网络维护管理及相关岗位工作经历,有丰富的实际工作经验,具有中级以上专业技术职务或在职业技能竞赛中获得过奖励,具有较强的教学组织能力。

(三)实验实训条件建议

本课程对实验实训条件的要求如表 4 所示。

实验实训条件配置建议 表 4

实训室名称	主要设备名称	主要实训项目
网络实训室	1. 锐捷二层交换机; 2. 锐捷三层交换机; 3. 锐捷路由器; 4. 锐捷防火墙; 5. 锐捷 IP 电话	1. 园区网络规划及设备选型; 2. 园区网络拓扑图绘制; 3. 园区网络交换路由设备配置; 4. 园区网络访问控制; 5. 园区网络日常维护

(四)教学方法建议

针对具体的教学内容和教学过程,总体采用项目教学法。在具体教学过程中,采用任务引导法、案例法、小组协作学习法等多种方法组织教学,以学生为中心,“做中学、学中做”,让学生人人参与,培养学生团队协作能力和实践动手能力。

（五）教学评价建议

本课程采用过程考核、综合考核等多元性评价，其中过程考核包括学习态度、课程作业等，占课程总成绩的40%；综合考核包括期中考试等，占课程总成绩的60%，全面综合评价学生能力。教学评价建议具体见表5。

课程考核表 表5

<table>
<tr><th colspan="2" rowspan="2">考核项目</th><th rowspan="2">考核方式</th><th colspan="2">比例</th></tr>
<tr><th>分项</th><th>总体</th></tr>
<tr><td rowspan="2">过程考核</td><td>学习态度</td><td>根据课堂教学参与情况，课堂回答问题、出勤情况，由教师综合评定学生的学习态度得分</td><td>50%</td><td rowspan="2">40%</td></tr>
<tr><td>课程作业</td><td>根据学生完成课后作业、任务工单的情况由教师来评定成绩</td><td>50%</td></tr>
<tr><td colspan="2">综合考核</td><td>结合实践考核、技能鉴定、技能竞赛、小组评价、期中考试、学习总结等综合评定学生成绩</td><td>100%</td><td>60%</td></tr>
<tr><td colspan="4">合计</td><td>100%</td></tr>
</table>

（课程标准制订人：张飞）

附件4：《网页设计》课程标准

一、课程定位

本课程定位如表1所示。

课程定位表 表1

课程名称及编号	网页设计，513008
开设学期及学时	第4学期，共计64学时
课程类型	专业核心学习领域
先导课程	数据结构、网络信息安全、JAVA程序设计
平行课程	ASP. NET程序设计、网络互联、Photoshop程序设计
后续课程	综合布线、JSP程序设计

二、课程性质

本课程是计算机网络技术专业的专业核心课程，是一门操作性和实践性很强的职业技术课程，在专业人才培养方案中处于核心地位，对于网页设计与制作岗位应具备的网页设计与制作能力的培养将起到重要作用。通过学习网页设计与布局知识、网页制作技术及网页编辑与制作软件Dreamweaver的使用，使学生能熟练地制作出有专业水准的网站。

三、课程设计思路

本课程紧紧围绕高职高专教育的人才培养目标，以学到实用技能、提高职业能力为出发点，根据多媒体技术行业网页美工、网页设计与制作职业岗位的要求，使学生具备较好的网页布局与美化、网页设计与制作能力。以工作任务为中心组织课程内容，并让学生在完成具体项目的过程中学会完成相应工作任务，并构建相关理论知识，发展职业能力。学生通过本课程的学习，可以掌握网站的开发流程和设计方法，掌握网页设计软件 Dreamweaver、Flash、Fireworks 的功能和使用方法，掌握手工编程以及测试和发布网站的方法。教学效果评价采取过程评价与综合评价相结合的方式，通过理论与实践相结合，重点评价学生的职业能力。

四、课程目标

（一）知识目标

（1）掌握网页设计与制作的基本概念和网站的开发流程；
（2）熟练掌握网页编辑与制作软件 Dreamweaver 的使用；
（3）掌握各种网页元素的使用，例如文本、图像、超级链接和表单等；
（4）能使用表格、DIV + CSS 等网页布局方法布局网页；
（5）能使用模板、库和 CSS 等技术简化网站设计和统一网站风格；
（6）掌握网站测试和发布的方法。

（二）能力目标

（1）培养学生谦虚、好学的品质；
（2）培养学生勤于思考、做事认真的良好作风；
（3）培养学生良好的网页设计职业道德；
（4）培养学生阅读与编写设计文档的能力；
（5）培养学生较好的审美能力，能制作出精美的网页页面；
（6）培养学生的创新能力。

（三）素质目标

（1）培养学生较好的沟通能力；
（2）培养学生良好的团队协作能力；
（3）培养学生分析问题、解决问题的能力；
（4）培养学生勇于创新、敬业乐业的工作作风；
（5）培养学生认真仔细的工作态度；
（6）培养学生严谨、细致的工作作风。

五、课程内容与学习目标

（一）课程内容结构安排

本课程分为本地站点的创建与管理等 5 个学习情境、站点的创建等 20 个工作任务，具体见表 2。

课程内容结构安排一览表 表2

序号	学 习 情 境	工 作 任 务	参考学时
1	本地站点的创建与管理	站点的创建	2
		网页制作基础	2
		站点的管理	2
		页面的整体控制	2
2	网页元素的使用	制作文本网页	2
		制作图文混排网页	4
		超级链接与导航栏	4
		网页中的动感元素	4
		创建表单网页	4
3	网页布局	制作表格布局的网页	4
		制作层布局的网页	2
		制作框架布局的网页	2
		制作 CSS + DIV 布局的网页	4
4	CSS 样式与 JavaScript 技术的综合应用	HTML 语言	4
		使用 CSS 美化网页	4
		JavaScript 技术	4
		制作网页特效	4
5	综合网页的制作与测试	网站规划与网页设计	2
		网站的测试、发布与维护	4
		网页制作综合实例	4
合计			64

(二)课程内容要求(表3)

课 程 内 容 要 求 表3

学习情境1:本地站点的创建与管理	参考学时:8
学习目标: 1. 掌握 Dreamweaver 的界面布局与工作环境; 2. 熟练掌握本地站点创建和管理的方法; 3. 能分析优秀网页的布局结构、颜色搭配、视觉效果等	
学习内容: 1. 分析优秀网页的布局结构、颜色搭配、视觉效果等; 2. 了解网页的相关概念和术语; 3. 创建本地网站,设置页面属性	
教学资源: 讲义、教案、多媒体课件等	对学生基础要求: 1. 掌握"网页"的概念; 2. 了解"网页三剑客"; 3. 具有良好的与他人沟通与协作的能力

续上表

学习情境2:网页元素的使用	参考学时:18
学习目标: 1. 制作图文混排的网页; 2. 插入 Flash 动画或图像以丰富效果; 3. 通过超链接把多个网页合成为一个整体; 4. 制作表单使用户和管理员建立互动	
学习内容: 1. 在网页中输入文本和格式化文本; 2. 在网页中插入图像并设置图像的属性; 3. 在网页中插入 Flash 动画或图像; 4. 在网页中创建多个超链接; 5. 熟悉导航栏的设计; 6. 在网页中插入表单域,在表单域中插入表单元素	
教学资源: 讲义、教案、多媒体课件等	对学生基础要求: 1. 能够将网站中的页面链接成为一个整体; 2. 能申请电子邮箱或 QQ; 3. 具备较好的沟通能力
学习情境3:网页布局	参考学时:12
学习目标: 1. 使用表格对网页中的元素进行准确定位; 2. 使用层、框架布局网页; 3. 使用 CSS + DIV 布局保证网站风格一致	
学习内容: 1. 使用表格进行网页布局,在表格中插入网页元素; 2. 使用层和框架布局网页,插入网页元素; 3. 使用 CSS + DIV 布局网页,插入网页元素	
教学资源: 讲义、教案、多媒体课件等	对学生基础要求: 1. 了解网页布局的几种方式; 2. 能够在网络上查找布局新技术; 3. 具备较好的沟通能力
学习情境4:CSS 样式与 JavaScript 技术的综合应用	参考学时:16
学习目标: 1. 学会手工修改 HTML 源代码; 2. 使用 CSS 样式表美化网页; 3. 掌握 JavaScript 代码嵌入 HTML 代码的方法; 4. 使用行为制作特效	

续上表

<table>
<tr><td colspan="2">学习情境4:CSS样式与JavaScript技术的综合应用</td><td>参考学时:16</td></tr>
<tr><td colspan="3">学习内容:
1. 掌握Dreamweaver中的HTML源代码编辑功能;
2. 了解常用的HTML标记含义及应用;
3. 创建美化页面元素的样式;
4. 运用JavaScript技术制作几种常见的网页特效;
5. 在网页中设置恰当的特效,使页面增加动态效果</td></tr>
<tr><td>教学资源:
讲义、教案、多媒体课件等</td><td colspan="2">对学生基础要求:
1. 具备编程知识,对代码能基本理解;
2. 能区别网页的动态效果和动态网页;
3. 具备较好的沟通能力</td></tr>
<tr><td colspan="2">学习情境5:综合网页的制作与测试</td><td>参考学时:10</td></tr>
<tr><td colspan="3">学习目标:
1. 掌握网页的主体布局结构和局部布局结构的设计过程;
2. 运用综合知识和技能设计与制作网站的主页;
3. 将多个网页融合为一个完整的网站;
4. 掌握测试网站和发布网站的方法;
5. 了解宣传与推广网站的方法</td></tr>
<tr><td colspan="3">学习内容:
1. 掌握网站的开发流程,了解网站的规划与组织;
2. 掌握网页设计的基本原理与方法;
3. 掌握网页设计的规范;
4. 掌握网站测试的方法;
5. 了解域名的设计与申请方法;
6. 掌握网站的发布方法;
7. 了解网站的维护与更新</td></tr>
<tr><td>教学资源:
讲义、教案、多媒体课件等</td><td colspan="2">对学生基础要求:
1. 了解一个网站的开发流程;
2. 素材的准备与筛选;
3. 具备较好的沟通能力</td></tr>
</table>

六、课程实施建议

(一)教材及参考资源建议

1. 教材

陈承欢. 网页设计与制作教程[M].2版. 北京:高等教育出版社,2014.

2. 参考书

曾顺. 精通CSS+DIV网页样式与布局[M].北京:人民邮电出版社,2007.

（二）师资条件建议

（1）专任教师：具有高校教师资格证，具有网页制作工作经历，精通网页设计相关的基本理论与专业知识，具有较强的教科研能力。

（2）兼职教师：具有 2 年以上网页制作及相关岗位工作经历，有丰富的实际工作经验，具有中级以上专业技术职务或在职业技能竞赛中获得过奖励，具有较强的教学组织能力。

（三）实验实训条件建议

本课程对实验实训条件的要求如表 4 所示。

实验实训条件配置建议 表 4

实训室名称	主要设备名称	主要实训项目
网页设计实训室	1. 综合布线实训工作间； 2. 监控安防实训设备	1. 综合布线系统各个子系统设计； 2. 提高学生对综合布线工程施工的动手能力

（四）教学方法建议

根据多媒体技术行业网页美工、网页设计与制作职业岗位的要求，学生应具备较好的网页布局与美化、网页设计与制作能力。本课程的教学以情境教学为载体，课程教学采用"理论实践一体化"教学模式，理论教学内容与实践教学内容融为一体，以学生为中心，"做中学、学中做"，让学生人人参与，培养学生的团队协作能力和实践动手能力。

（五）教学评价建议

本课程采用过程考核、综合考核等多元性评价，其中过程考核包括学习态度、课程作业，占课程总成绩的 40%；综合考核包括期末考试等，占课程总成绩的 60%，全面综合评价学生能力。教学评价建议具体见表 5。

课 程 考 核 表 表 5

考核项目		考核方式	比例	
			分项	总体
过程考核	学习态度	根据课堂教学参与情况，课堂回答问题、出勤情况，由教师综合评定学生的学习态度得分	50%	40%
	课程作业	根据学生完成课后作业情况由教师来评定成绩	50%	
综合考核		结合期末考试、实践考核等综合评定学生成绩	100%	60%
合计				100%

（课程标准制订人：李霞婷）

附件 5：《Linux 基础》课程标准

一、课程定位

本课程定位如表 1 所示。

课程定位表 表1

课程名称及编号	Linux 基础,590107
开设学期及学时	第5学期,共计65学时
课程类型	专业核心学习领域
先导课程	ASP. NET 程序设计、网络互联、网页设计
平行课程	JSP 程序设计、综合布线
后续课程	毕业顶岗实习

二、课程性质

本课程是计算机网络技术专业的专业核心课程,是培养和检验学生在 Linux 环境下进行系统管理、用户和组的管理、磁盘的管理等综合应用能力的一门重要的实践性课程。本课程主要培养该专业学生能够比较全面系统地掌握 Linux 环境下系统文件、目录、磁盘和文件、系统升级和维护等的管理综合应用能力,通过规定的实验、实训,培养和提高学生的实际动手能力、分析和解决问题的能力,以及培养学生的团队协作、沟通表达、工作责任心、职业规范和职业道德等综合素质。

三、课程设计的思路

本课程以计算机网络专业学生的就业为导向,以项目任务模块为单元来展开课程内容,在完成任务过程中培养学生的职业能力,满足学生就业和职业发展的需要。具体设计是以 Linux 基础为课程主线,按照学生的认知特点,通过多媒体课件、实践教学等教学手段,使学生了解网络操作系统的基本知识,培养学生运用 Linux 操作系统的基本技能。在教学实施过程中,采用讲授理论知识与上机操作相结合、师生互动、问题分析等多种教学方法和手段来进行教学,以调动学生的学习兴趣、学习积极性和创造性。通过对应知应会标准的鉴定检验促进学生学习领域能力和职业实践能力的培养。让学生通过各项目的系列练习操作,熟练地掌握岗位所需知识和技能,并不断强化。项目体现操作能力和解决问题能力的培养。

四、课程目标

(一)知识目标

(1)掌握 Linux 系统的基本操作;
(2)掌握 Linux 系统管理员的基本管理操作;
(3)掌握 Linux 系统下的基本网络配置方法及各种服务器的使用。

(二)能力目标

(1)Linux 环境下 Linux 的性质、Linux 的组成、Linux 版本识别的能力;
(2)Linux 的 CDROM 安装方式及 rpm 包的操作能力;
(3)文件、目录的操作命令及 VI 的使用的能力;
(4)文件权限、用户、组的管理命令使用的能力;
(5)文件系统管理命令、fdisk 的使用、磁盘配额的设置的能力;

(6)进程管理的命令、cron 的使用的能力;
(7)驱动程序安装和 kernel-2.6.0 内核编译升级的能力;
(8)实现用 Linux 来对系统进行管理的能力。

(三)素质目标

(1)培养学生的可持续发展的能力;
(2)培养学生与人合作的能力;
(3)通过本课程的学习,加强学生踏实、严谨的职业素质的培养;
(4)注重遵章守纪、积极思考、耐心、细致、勇于实践、竞争意识等职业素质的养成。

五、课程内容与学习目标

(一)课程内容结构安排

本课程分为虚拟机的使用等 9 个学习情境、虚拟机的安装等 28 个工作任务,具体见表 2。

课程内容结构安排一览表 表 2

序号	学习情境	工作任务	参考学时
1	虚拟机的使用	虚拟机的安装	2
		虚拟机的使用	4
2	Red Hat Linux 9.0 的安装	Linux 安装前的准备和步骤	1
		Linux 的 CDROM 安装方式	2
		Linux 分区和 rpm 包的操作	3
3	Linux 文件管理	文件系统的基本概念	2
		文件操作命令	2
		目录操作命令	2
		VI 的使用	2
4	用户管理	用户管理基本概念	2
		用户账号的管理	2
		组账号管理	2
		文件权限管理	2
5	Linux 系统的启动	Linux 启动设备的建立	2
		引导装载程序的使用,Shell、GRUB、LILO 的操作	2
		init 进程的分析和用户登录	2
6	磁盘管理	Linux 磁盘配额的工作原理	2
		文件系统的管理	2
		磁盘分区、配额	2
7	进程管理	进程的基本概念	2
		进程管理	3
		cron 的使用	2

续上表

序号	学习情境	工作任务	参考学时
8	设备管理和内核升级	驱动程序的安装	2
		内核编译升级	4
9	Shell 编程	Shell 的基本概念	2
		Shell 编程基础	2
		Shell 编程的语句	4
		Shell 脚本的运行	4
合计			65

（二）课程内容要求（表3）

课程内容要求 表3

<table>
<tr><td colspan="2">学习情境1：虚拟机的使用</td><td>参考学时：6</td></tr>
<tr><td colspan="3">学习目标：
1. 了解 Linux；
2. 掌握虚拟机的使用</td></tr>
<tr><td colspan="3">学习内容：
1. Linux 的基础知识；
2. 虚拟机的使用方法</td></tr>
<tr><td>教学资源：
1. 讲义、教案、多媒体课件、实训指导书、任务工单、系统仿真软件、图片、模型、FLASH 动画、规程等；
2. Linux 软件、计算机系统等</td><td colspan="2">对学生基础要求：
1. 具备计算机基础知识；
2. 知道计算机软件操作</td></tr>
<tr><td colspan="2">学习情境2：Red Hat Linux 9.0 的安装</td><td>参考学时：6</td></tr>
<tr><td colspan="3">学习目标：
1. 掌握 Linux 的安装；
2. 掌握正常进入和退出系统的方法</td></tr>
<tr><td colspan="3">学习内容：
1. Linux 的安装方式；
2. Linux 的分区；
3. Linux 的 CDROM 安装方式；
4. rpm 包的操作</td></tr>
<tr><td>教学资源：
1. 讲义、教案、多媒体课件、实训指导书、任务工单、系统仿真软件、图片、模型、FLASH 动画、规程等；
2. Linux 软件、计算机系统等</td><td colspan="2">对学生基础要求：
1. 安装过应用程序；
2. 了解虚拟机</td></tr>
</table>

续上表

<table>
<tr><td colspan="2">学习情境 3:Linux 文件管理</td><td>参考学时:8</td></tr>
<tr><td colspan="3">学习目标:
1. 掌握文件操作;
2. 掌握目录操作;
3. 掌握 VI 的使用</td></tr>
<tr><td colspan="3">学习内容:
1. Linux 系统的启动;
2. 文件系统的基本知识;
3. 文件操作命令;
4. 目录操作命令;
5. VI 编辑器的使用</td></tr>
<tr><td>教学资源:
1. 讲义、教案、多媒体课件、实训指导书、任务工单、系统仿真软件、图片、模型、FLASH 动画、规程等;
2. Linux 软件、计算机系统等</td><td colspan="2">对学生基础要求:
1. 具有计算机基础知识;
2. 了解文件</td></tr>
<tr><td colspan="2">学习情境 4:用户管理</td><td>参考学时:8</td></tr>
<tr><td colspan="3">学习目标:
1. 掌握用户账号的管理;
2. 掌握组账号的管理;
3. 掌握文件权限管理</td></tr>
<tr><td colspan="3">学习内容:
1. 用户账号的管理命令;
2. 组账号的管理命令;
3. 文件权限管理命令</td></tr>
<tr><td>教学资源:
1. 讲义、教案、多媒体课件、实训指导书、任务工单、系统仿真软件、图片、模型、FLASH 动画、规程等;
2. Linux 软件、计算机系统等</td><td colspan="2">对学生基础要求:
1. 具有操作系统用户知识;
2. 能使用操作系统命令</td></tr>
<tr><td colspan="2">学习情境 5:Linux 系统的启动</td><td>参考学时:6</td></tr>
<tr><td colspan="3">学习目标:
1. 了解系统启动过程;
2. 熟悉操作系统启动步骤</td></tr>
<tr><td colspan="3">学习内容:
1. Linux 启动设备的建立;
2. 引导装载程序的使用;
3. init 进程的分析;
4. 用户登录和 Shell;
5. GRUB 的操作;
6. Inittab 文件的设置</td></tr>
</table>

续上表

<table>
<tr><td colspan="2">学习情境5:Linux 系统的启动</td><td>参考学时:6</td></tr>
<tr><td>教学资源:
1. 讲义、教案、多媒体课件、实训指导书、任务工单、系统仿真软件、图片、模型、FLASH 动画、规程等;
2. Linux 软件、计算机系统等</td><td colspan="2">对学生基础要求:
1. 具有操作系统的基本知识;
2. 对系统启动过程有所了解</td></tr>
<tr><td colspan="2">学习情境6:磁盘管理</td><td>参考学时:6</td></tr>
<tr><td colspan="3">学习目标:
1. 掌握文件系统的管理;
2. 掌握磁盘系统管理</td></tr>
<tr><td colspan="3">学习内容:
1. 外部存储器的表示方法;
2. 文件系统的管理;
3. 磁盘系统管理</td></tr>
<tr><td>教学资源:
1. 讲义、教案、多媒体课件、实训指导书、任务工单、系统仿真软件、图片、模型、FLASH 动画、规程等;
2. Linux 软件、计算机系统等</td><td colspan="2">对学生基础要求:
1. 具有存储设备知识;
2. 能使用计算机存储命令</td></tr>
<tr><td colspan="2">学习情境7:进程管理</td><td>参考学时:7</td></tr>
<tr><td colspan="3">学习目标:
1. 理解进程的概念;
2. 掌握进程的管理</td></tr>
<tr><td colspan="3">学习内容:
1. 进程的管理机制;
2. 进程与程序、并行与串行执行的区别;
3. 使用 Linux 命令管理和控制进程、作业的方法;
4. 内存管理</td></tr>
<tr><td>教学资源:
1. 讲义、教案、多媒体课件、实训指导书、任务工单、系统仿真软件、图片、模型、FLASH 动画、规程等;
2. Linux 软件、计算机系统等</td><td colspan="2">对学生基础要求:
1. 具有操作系统知识;
2. 能使用计算机</td></tr>
<tr><td colspan="2">学习情境8:设备管理和内核升级</td><td>参考学时:6</td></tr>
<tr><td colspan="3">学习目标:
1. 了解 Linux 设备的分类;
2. 掌握驱动程序的安装</td></tr>
<tr><td colspan="3">学习内容:
1. Linux 设备的分类;
2. Linux 设备的管理;
3. 常用的设备文件、驱动程序的功能;
4. 驱动程序的安装和内核编译升级</td></tr>
</table>

续上表

学习情境8:设备管理和内核升级	参考学时:6
教学资源: 1. 讲义、教案、多媒体课件、实训指导书、任务工单、系统仿真软件、图片、模型、FLASH 动画、规程等; 2. Linux 软件、计算机系统等	对学生基础要求: 1. 具有操作系统知识; 2. 能使用计算机
学习情境9:Shell 编程	参考学时:12
学习目标: 1. 熟悉 Shell 编程基础; 2. 掌握 Shell 编程的语句; 3. 掌握 Shell 脚本运行	
学习内容: 1. Shell 的特点和主要功能; 2. Shell 编程基础; 3. Shell 编程的语句; 4. Shell 脚本运行	
教学资源: 1. 讲义、教案、多媒体课件、实训指导书、任务工单、系统仿真软件、图片、模型、FLASH 动画、规程等; 2. Linux 软件、计算机系统等	对学生基础要求: 1. 具有编程的基本知识; 2. 具有简单脚本编程能力

六、课程实施建议

(一)教材及参考资源建议

1. 教材

[1]张同光. Linux 基础教程[M]. 北京:清华大学出版社,2008.

[2]梁如学. Red. Hat Linux9 应用基础教程[M]. 北京:机械工业出版社,2012.

2. 参考书

[1]王继水. 操作系统原理及应用——Linux 篇[M]. 北京:清华大学出版社,2008.

[2]黄丽娜. Linux 基础教程[M]. 3 版. 北京:清华大学出版社,2012.

(二)师资条件建议

(1)专任教师:具有高校教师资格证,具有计算机网络管理岗位工作经历,精通计算机网络工程相关的基本理论与专业知识,具有较强的教科研能力。

(2)兼职教师:具有 2 年以上计算机网络工程管理及相关岗位工作经历,有丰富的实际工作经验,具有中级以上专业技术职务或在职业技能竞赛中获得过奖励,具有较强的教学组织能力。

(三)实验实训条件建议

本课程对实验实训条件的要求如表 4 所示。

实验实训条件配置建议 表4

实训室名称	主要设备名称	主要实训项目
计算机网络实训室	1. 安装有 Linux 的计算机； 2. 网络服务器	1. Linux 系统安装； 2. Linux 系统管理与配置； 3. Linux 网络环境配置； 4. Linux Shell 程序设计

(四)教学方法建议

针对具体的教学内容和教学过程，总体采用项目教学法。在具体教学过程中，采用任务引导法、案例法、小组协作学习法等多种方法组织教学，以学生为中心，“做中学、学中做”，让学生人人参与，培养学生的团队协作能力和实践动手能力。

(五)教学评价建议

本课程采用过程考核、综合考核等多元性评价，其中过程考核包括学习态度、课程作业，占课程总成绩的40%；综合考核包括期末考试等，占课程总成绩的60%，全面综合评价学生能力。教学评价建议具体见表5。

课 程 考 核 表 表5

考核项目		考核方式	比例	
			分项	总体
过程考核	学习态度	根据课堂教学参与情况，课堂回答问题、出勤情况，由教师综合评定学生的学习态度得分	50%	40%
	课程作业	根据学生完成课后作业、任务工单的情况由教师来评定成绩	50%	
综合考核		结合期末考试、实践考核等综合评定学生成绩	100%	60%
合计				100%

(课程标准制订人：彭斌)

城市轨道交通控制专业
人才培养方案

第一部分　主体部分

一、专业名称（专业代码）

城市轨道交通控制（520302）

二、招生对象

普通高中毕业生或具有同等学力者

三、学制

全日制三年

四、培养目标

本专业培养拥护党的基本路线，掌握城市轨道交通控制的基础理论知识和信号设备管理、设备维护与施工的技能，以及较强的实际操作能力、继续学习的能力、创新能力；具有良好的职业道德和敬业精神，适应本专业生产、建设、服务和管理第一线需要的德、智、体、美等全面发展的、能从事城市轨道交通运营的组织与管理的技术技能型专门人才。

五、就业面向

本专业毕业生面向城市轨道交通控制设计部门、运营单位和养护单位等。本专业培养的学生毕业后主要可从事职业业务范围和去向如下：

（1）城市轨道交通企业设计部门的技术工作岗位；

（2）城市轨道交通控制施工及其现场管理工作岗位；

（3）城市轨道交通控制运营、管理工作岗位；

（4）交通通信信号设备维护维修工作岗位等。

六、培养规格

（一）素质目标

（1）具有强烈的责任意识、质量意识、安全意识及环保意识；

（2）具有良好的文化、身体和心理素质；

（3）爱岗敬业，团结协作，遵纪守法，热爱劳动；

（4）具有吃苦耐劳、甘于奉献的铁人精神。

(二)知识目标

(1)具有本专业所必需的数学计算、英语交流、计算机应用等科学文化基础知识;
(2)熟悉轨道交通站场图纸、轨道电路、轨道机电设备等专业基础知识;
(3)掌握轨道电气设备检修、轨道电气化维护等专业知识;
(4)了解轨道交通新技术、新材料、新工艺和新设备的相关信息。

(三)能力目标

(1)具有识读轨道交通站场图纸的能力;
(2)具有电工操作的能力;
(3)具有信号工的能力;
(4)具有通信工的能力;
(5)具有计算机操作和安装使用常用专业软件的能力;
(6)具有较强的自学和获取知识的能力。

七、教学环节进程安排表

(一)培养时间分配表

在人才培养的实施过程中,教学环节周数分配如表3-1所示。

城市轨道交通控制专业培养时间分配表 表3-1

学年		一		二		三		合计
学期		一	二	三	四	五	六	
1	入学教育	1周						1周
2	国防教育	2周						2周
3	课内教学	16周	17周	18周	18周	14周		83周
4	实践教学		2周	1周	1周	1周		5周
5	生产实习					4周	19周	23周
累计		19周	19周	19周	19周	19周	19周	114周

注:1. 课内教学指按课程(学习领域)组织的各种教学活动,包括理论课程、理实一体化课程等。
2. 实践教学是指计划单列的非生产性实践教学活动,包括专业认识实践、专项单列实训、课程设计、综合设计、社会实践等。
3. 生产实习是指生产性教学实习活动,包括工学交替生产实习、生产劳动实习、毕业顶岗实习。

(二)教学进程表

本专业的人才培养进程如表3-2所示。

城市轨道交通控制专业教学进程表 表3-2

序号	类别	课程名称	教学时数与学分				考核方式		课内教学时数及实践周数					
			总学分	学分	理论学时	实践学时	考试学期	考查学期	第一学年		第二学年		第三学年	
									一	二	三	四	五	六
									16周	17周	18周	18周	14周	0周
1	公共基础课程	“两课”基础	64	4	64			1	4					
2		“两课”概论	68	4	68			2		4				
3		体育	66	4	66			1、2	2	2				
4		计算机应用基础	96	5	44	52	1		6					
5		高等数学	64	4	64			1	4					
6		大学英语	132	7	132		1	2	4	4				
7		任选课1	36	2	36			3			2			
8		任选课2	36	3	36			4				2		
9		就业指导	14	1	14			5					1	
公共基础课程小计			576	34	524	52	课内占比		31.89%					
1	专业基础学习领域	电工电子技术	64	4	52	12		1	4					
2		Windows服务器维护与管理	68	4	32	36	2			4				
3		计算机网络与通信	68	4	34	34	2			4				
4		数据结构	68	4	34	34		2		4				
5		SQL Server数据库系统管理	72	5	38	34		3			4			
6		电气制图与CAD	72	5	38	34	3				4			
专业基础学习领域小计			412	26	228	184	课内占比		22.81%					
1	专业核心学习领域	现场总线控制网络技术	72	5	40	32	3				4			
2		轨道交通设备系统	72	5	38	34	3				4			
3		车站信号自动控制	72	5	38	34	4					4		
4		列车自动控制系统	72	5	38	34	4					4		
5		信号工程设计与施工	84	6	58	26	5						6	
6		区间信号设备	84	6	58	26	5						6	
专业核心学习领域小计			372	26	212	160	课内占比		20.60%					
1	专业拓展学习领域	综合布线	108	6	57	51		4				6		
2		专业英语	54	3	54			4				3		
3		传感器原理与应用	70	5	44	26		5					5	
4		城市轨道交通信息技术	70	5	31	39	5						5	
5		城市轨道交通概论	72	5	38	34		3			4			
6		轨道交通运营管理基础	72	5	72			4				4		
专业拓展学习领域小计			446	29	296	150	课内占比		24.70%					
课内教学环节合计			1806	115	1260	546	总百分比		66.01%					

续上表

序号	类别	课程名称	教学时数与学分				考核方式		课内教学时数及实践周数					
			总学分	学分	理论学时	实践学时	考试学期	考查学期	第一学年		第二学年		第三学年	
									一	二	三	四	五	六
									16 周	17 周	18 周	18 周	14 周	0 周
1	独立实践环节	入学教育	1 周	1		30		1	1 周					
2		国防教育	2 周	2		60		1	2 周					
3		Windows 服务器管理与维护实训	1 周	2		30		2		1 周				
4		计算机网络与通信实训	1 周	2		30		2		1 周				
5		电气制图与 CAD 实训	1 周	2		30		3			1 周			
6		综合布线实训	1 周	2		30		4				1 周		
7		交通信息技术实训	1 周	2		30		5					1 周	
8		定岗生产实习	4 周	8		120		5					4 周	
9		毕业顶岗实习	19 周	10		570		6						19 周
独立实践环节合计			930	31		930	总百分比		33.99%					
课时(学分)总计			2736	146	1260	1476	周时数		24	22	22	23	23	0
周数总计									19	19	19	19	19	19
理论教学时数			1260				总百分比		46.05%					
实践教学时数			1476				总百分比		53.95%					

(三)课程设置及学时比例(表 3-3)

城市轨道交通控制专业课程设置及学时比例表 表 3-3

项目	理论教学	实践教学			
		课内实训	专项实训	生产实习	合计
学时	1260	546	240	690	1476
所占比例	46.05%	53.95%			

注:1. 理论教学学时不包含课内的实训环节教学,课内实训是指在课程教学内完成的、非计划单列实践教学。

2. 专项实训是指计划单列的非生产性实践教学,包括专业认识实践、专项单列实训、课程设计、综合设计、社会实践等。

3. 生产实习包含定岗生产实习、毕业顶岗实习。

八、毕业标准

(一)基本要求

(1)德、智、体、美等方面均通过学生管理部门考核达标;

(2)按规定完成课程(学习领域)的学习,成绩合格;

(3)完成各项独立实践环节(单列科目:如实践课、课程设计、实习、毕业实践、毕业设计等)的学习,成绩合格。

（二）考证要求

（1）必须取得全国计算机等级证（一级及以上）和英语应用能力证书（三级 B）；

（2）获得至少一个本专业职业资格证书方可毕业。本专业职业资格证书如表 3-4 所示。

城市轨道交通控制专业职业资格证书表 表 3-4

序号	考核项目	考核发证部门	等级要求
1	通信工	建委和安监局	中级
2	信号工	建委和安监局	中级
3	计算机操作员	人力资源和社会保障部	中级

（三）其他要求

（1）完成任选课的学习，并取得 5 学分；

（2）转专业的学生，应该取得最后毕业注册专业的全部专业核心学习领域的学分，并且取得 140 以上的总学分。

九、其他说明

2008 年 10 月 16 日，随着南昌轨道交通有限公司的正式挂牌成立，标志着英雄城南昌交通事业迎来了新的“地铁时代”。本专业的建设应该主动服务地方轨道交通的建设和管理，依托信息工程系校企合作工作委员会，加强与南昌轨道交通有限公司的合作，结合南昌地铁的车辆选型、技术要求、管理模式、运行软件等，开展专业建设与课程建设，不断优化培养方案、完善课程体系，将行业标准和企业规范导入专业课程之中，并积极开展工学结合人才培养模式创新，为南昌地铁提供技术技能型人才保障。

（执笔人：刘造新）

第二部分　支撑材料

一、专业人才培养实施条件

(一)专业教学团队

1. 师资数量与结构

(1)教师队伍数量应与学生规模相适应,师生比控制在1∶16左右。

(2)教师队伍结构优化,梯队合理,45岁以下青年教师中研究生学历或硕士以上学位比例达到30%,专任教师中高级职称的比例大于等于30%,专任教师中具备双师素质教师的比例应达到80%以上。

(3)每个学习领域(课程)的教师应不少于2人,其中专业核心学习领域应配备相关专业中级技术职称以上的双师素质教师2人。

(4)各专业学习领域及独立实践环节,均应配备行业企业工程技术人员担任兼职教师,兼职教师折算比例应达到50%左右。

(5)专业实习(训)指导教师均为大专以上学历或中级以上职称。实习(训)指导教师具有中高级职称的应大于等于20%。

2. 业务水平

教师应具备良好的职业道德和一定的教学科研能力,达到高等教育教师任职资格的要求且具备高等教育教师任职资格。其中主讲教师应由具备讲师以上职称的专任教师或工程师以上职称的兼职教师担任,参加科学研究或技术服务的专任教师人数不少于专任教师总数的30%。

(二)专业教学资源

1. 选用优秀的高职高专规划教材

在选择教材时,应整体研究制定教材选用标准和选用程序,确保具有时代性、应用性、先进性和普适性的优秀教材优先被选用,同时,要注意选用具有鲜明行业特征的高职高专规划教材、特色教材和精品教材。

2. 开发基于工作过程的校本教材

与合作企业共同开发基于工作过程的校本教材,将相关的企业标准、行业规范等导入教材之中,编写中要突破学科体系的构架,将职业教育的教学过程与工作过程相融合,将专业理论知识和技能向企业工作过程知识转变,以典型工作任务作为工作过程知识的载体,并按职业能力构建教材的知识、技能体系,使之成为理实一体化教学的适用教材。专业核心学习领域教材一般要求为特色鲜明的校本教材,或国家和地区职业教育优质教材。

3. 选用精品资源共享课程

充分利用现有国家和地方的精品资源共享课程开展教学，加强网络学习平台建设，通过慕课、个人空间、网络课程等网络技术构建日常教学课程网站，整合各种优质教学资源进行专业教学。

4. 专业网络教学资源

以数字化校园为运行载体，以学习领域（课程）为组织形式，利用网络学习平台建设共享型网络教学资源库，主要包括试题库、课件库、专业教学素材库、教学视频库等。网络教学资源库的建议配置如表 3-5 所示。

城市轨道交通控制专业网络教学资源库的建议配置 表 3-5

类别	资　源	主要内容与要求	备注
专业基本资源	专业简介	专业代码、招生对象、学制、就业面向、专业特点、三要课程等	专业介绍
	人才培养方案	主要包括培养目标、专业面向的职业岗位分析、专业定位、课程体系、核心课程描述、教学进程、毕业标准、实施条件、实施规范、实施流程、实施保障等	
	课程标准	专业核心课程的课程标准	
	教学文件	教学管理相关文件	
课程教学资源	教学指南	本课程的作用、目标和要求，本课程与职业岗位的关系，本课程与其他课程的关系，本课程的主要特点、课程结构、课程内容、课时分配、课程的重点与难点、实践教学体系、课程教学方法、课程教学资源、课程考核、课程授课方案设计、课程建设与工学结合效果评价等	专业基本配置
	教学设计	主要包括学时安排、学习任务设计、学习内容确定、教学目标设定、教学重点和难点分析及处理、任务工单提供、教学方法建议、教学手段选用、教学设施和教学场地安排、教学实施要求、课程考核方法，以及课后总结等	
	多媒体课件	优质核心课程课件	
	教学视频库	课程设计录像、课堂教学录像、实训操作演示录像等	
	案例库	以一个完整的企业项目为案例单元，通过观看、阅读、学习、分析案例，实现知识内容的传授、知识技能的综合应用展示、知识迁移、技能掌握等	
	FLASH 资源	教学难点的动漫演示	
	实训项目	实训目标、实训设备、实训要求、实训内容与步骤、实训项目考核和评价标准、实训报告或总结、技术手册、操作规程与安全注意事项	
	学生作品	学生学习成果、实训作品和生产产品	
自主学习资源	学习指南	课程学习目标与要求，重点、难点提示及释疑，学习方法，典型任务解析，自我测试题及答案，参考资料和网站	专业特色配置
	测试题库	知识和技能测试	
	视频库	学习任务实施操作视频资料	
	网络课程	基于互联网的处方自主学习平台	
	课程链接	与本专业相关的网站	

续上表

类别	资　源	主要内容与要求	备注
拓展学习资源	拓展视频资源	其内容可以在教学标准的基础上适当拓展	专业拓展选配
	文献库	与本课程或本专业相关的行业标准、企业规范、专利资料、法律法规、技术资料、成功案例等	
	仪器设备操作手册	常用仪器设备的操作手册	
	仿真教学	按教学内容列出仿真软件，并提供应用入口	
	课程 BBS	建立由专人管理的网上论坛	
	网上答疑	按主讲教师开设答疑室	
	其他资源	素质教育模块、课外活动园地	

5. 其他教学资源

学院图书馆或资料室应当配置数量适当、结构合理、技术新颖的本专业纸质和电子图书，为专业学习、教学、科研和社会服务提供良好的信息服务；学院配置的电子图书，应具有良好服务功能，能为专业教学资源库建设提供大数据服务。

（三）实验实训条件

1. 校内实训条件

根据城市轨道交通控制专业人才培养目标和教学要求，在校内由专任教师与企业行业兼职教师共同设计和建设具备理实一体化教学和生产性实训功能的校内实训基地。加强教学功能设计，突出企业氛围，使学生在实训期间能够学习到专业知识，感受企业文化氛围，接受企业操作规范。在建设过程中，由学校和企业共同提供实训项目、管理规范、设备、场地、人员和“校中厂”，保障生产性实训教学的有效实施，为校内实训和顶岗实习提供保障。在校企共建过程中，保障技术及设备的更新，紧跟技术的发展步伐。

根据城市轨道交通控制专业人才培养的需要，校内实验实训条件配置建议如表 3-6 所示。

校内实验实训条件配置建议表　　表 3-6

序号	名　　称	主 要 设 备	主 要 功 能	对 应 课 程	容纳学生人数
1	城轨交通信号控制仿真教学实训室	组合架、计算机连锁设备、计算机连锁系统软件、安全继电器、色灯信号机、道岔等	信号处理	轨道交通设备系统、区间信号设备、轨道交通概论、轨道交通信息技术	45 人
2	信号控制虚拟教学实训室	多媒体工作站、轨道交通 ATC 系统	车站计算机连锁、车辆段微机连锁系统	车站信号自动控制、列车自动控制系统、轨道交通设备系统	45 人

2. 校外实训条件

在校外实训基地的建设中，积极寻求与国内外、区域内大型知名企业开展深层次、紧密型合作，建立与自己的规模相适应的、稳定的校外实训基地，充分满足本专业所有学生综合实践及半年以上顶岗实习的需要，发挥企业在人才培养中的作用，由企业提供场地、办公设备、项目和技术指导人员，企业技术人员与教师共同组织和带领学生完成真实项目设计、施工、调试与维护，使学生真正进入企业项目实践，形成校企共建、共管的格局。

校外实训基地有健全的规章制度及基于职业标准的员工日常行为规范，使学生在实训期间养成遵纪守法的习惯，使其能真正领悟到团队合作精神，同时培养学生解决实际问题的能力。

二、专业人才培养实施规范

（一）课程教学标准

1. 公共基础课程教学标准

本专业公共基础课程教学标准与“交通安全与智能控制（520105）”专业相同。

2. 专业基础学习领域教学标准

依据城市轨道交通控制专业的知识目标和能力目标要求，专业基础学习领域教学标准确定如表 3-7 所示。

专业基础学习领域教学标准　　表 3-7

学习领域 1	电工电子技术		
学期	第 1 学期	参考学时	64 学时
职业能力要求	1. 学会使用基本的电工电子工具、仪器、仪表； 2. 学会手工焊接方法和工艺，并能熟练进行手工焊接基板和元器件； 3. 能够正确识读电子电路图、电气设备控制系统电气图和安装接线图； 4. 学会常用的低压电器的识别、选择与使用； 5. 熟悉电子元器件的类别、性能、用途，并能够正确地选用电子元器件； 6. 能够根据电路图独立完成电子电路的制作任务，并能分析和查找问题并排除故障		
学习目标	1. 能够熟练掌握电路的基本知识，学会分析正弦交流电路与三相交流电路； 2. 掌握变压器的结构与工作原理，交流异步电动机的工作特性； 3. 掌握模拟电路的基本元器件，掌握基本放大电路、集成运算放大器以及直流电源电路的原理及应用； 4. 掌握基本门电路、组合逻辑电路和时序逻辑电路的分析与调试等		
学习内容	学习情境 1：照明电路的安装与调试； 学习情境 2：低压配电柜的装配与调试； 学习情境 3：分立功率放大器的制作与调试； 学习情境 4：直流稳压电源的制作与调试； 学习情境 5：数字钟的制作与调试		
学习领域 2	Windows 服务器维护与管理		
学期	第 2 学期	参考学时	68 学时
职业能力要求	1. 培养学生利用 Windows 网络操作系统充当文件服务器、打印服务器； 2. 培养学生 DHCP 服务器配置能力； 3. 培养学生 DNS 服务器、路由器设置； 4. 培养学生 Web 服务器、FTP 服务器的配置与管理； 5. 培养学生邮件服务器和活动目录服务器等角色的基本配置和管理方法		

续上表

学习领域2	Windows 服务器维护与管理		
学期	第2学期	参考学时	68学时
学习目标	1. 学会 Windows 服务器的安装和配置； 2. 学会 Windows 服务器的基本管理； 3. 熟悉 Windows 服务器域环境的高级管理； 4. 了解 Windows 服务器常用服务的配置与应用		
学习内容	学习情境1:设置 Windows 服务器环境； 学习情境2:管理本地用户和组； 学习情境3:文件系统管理； 学习情境4:管理磁盘； 学习情境5:管理打印系统； 学习情境6:备份与还原系统； 学习情境7:系统安全管理； 学习情境8:设置与管理活动目录； 学习情境9:管理域用户账户、组和组织单位； 学习情境10:域名服务； 学习情境11:DHCP 服务； 学习情境12:Internet 信息服务； 学习情境13:VPN 和终端服务； 学习情境14:代理服务		
学习领域3	计算机网络与通信		
学期	第2学期	参考学时	68学时
职业能力要求	1. 具有计算机网络设备和线路的使用能力； 2. 具有局域网组建及应用能力； 3. 具有网络互联与广域网技术应用能力； 4. 具有 Internet 协议及其技术应用能力； 5. 具有网络操作系统应用能力； 6. 具有网络应用服务器的构建与维护能力； 7. 具有网络管理和网络安全维护能力		
学习目标	1. 了解计算机网络的一些基本术语、概念； 2. 了解计算机网络体系结构； 3. 掌握网络的工作原理,体系结构、分层协议,网络互联； 4. 了解网络安全知识； 5. 能通过常用网络设备进行简单的组网,能对常见网络故障进行排错		
学习内容	学习情境1:计算机网络与数据通信基础； 学习情境2:计算机网络的硬件设备； 学习情境3:网络体系结构与网络协议； 学习情境4:局域网及其应用； 学习情境5:网络互联与广域网技术；		

续上表

学习领域 3	计算机网络与通信		
学期	第 2 学期	参考学时	68 学时
学习内容	学习情境 6:Internet 协议及其技术; 学习情境 7:网络操作系统; 学习情境 8:网络服务器的配置; 学习情境 9:网络管理与网络安全		
学习领域 4	数据结构		
学期	第 2 学期	参考学时	68 学时
职业能力要求	1. 根据现实问题抽象得到基本模型的能力; 2. 选择不同数据结构的能力; 3. 比较不同数据结构之间优劣的能力; 4. 查阅资料、手册的能力		
学习目标	1. 理解数据结构的基本概念; 2. 掌握用高级语言描述抽象数据类型的方法; 3. 掌握典型数据结构线性表、栈、队列、树、图、排序、查找的概念、性质及实现方法; 4. 了解各种数据结构之间的关系; 5. 具备分析、比较、选择不同数据结构的能力; 6. 掌握数据结构的典型应用和算法,如二叉排序树、最小生成树、哈夫曼树等; 7. 会用时间复杂性和空间复杂度,以评价实现各数据结构的算法和各应用算法的优劣		
学习内容	学习情境 1:有序顺序表的合并; 学习情境 2:多项式相加; 学习情境 3:算术表达式求值; 学习情境 4:打印数据缓冲区的问题; 学习情境 5:通信电文的哈夫曼编码; 学习情境 6:在城市公路网中寻求最短路径		
学习领域 5	SQL Server 数据库系统管理		
学期	第 3 学期	参考学时	72 学时
职业能力要求	1. 培养学生 SQL Server 数据库的基本操作; 2. 培养学生数据库中的表、数据查询的操作; 3. 培养学生数据完整性、视图、索引及其应用; 4. 培养学生 T-SQL 语言编程的能力; 5. 培养学生存储过程、触发器的使用; 6. 培养学生数据库的安全管理能力; 7. 培养学生利用 JDBC 连接数据库的能力		
学习目标	1. 数据表的创建与编辑; 2. 视图的基本概念、视图的创建与维护; 3. 了解视图与索引的概念,掌握视图与索引的创建及应用; 4. 存储过程的概念、用途、创建与编写以及触发器的概念、创建、使用和维护等; 5. 掌握 SQL Server 安全管理操作; 6. 掌握使用 JDBC 设置与访问 SQL Server 的操作方法		

续上表

学习领域5	SQL Server 数据库系统管理		
学期	第3学期	参考学时	72学时
学习内容	学习情境1:数据库的基本操作; 学习情境2:数据库中的表; 学习情境3:数据查询; 学习情境4:数据完整性; 学习情境5:视图; 学习情境6:索引及其应用; 学习情境7:T-SQL 语言编程; 学习情境8:存储过程; 学习情境9:数据库的安全; 学习情境10:JDBC		
学习领域6	电气制图与 CAD		
学期	第3学期	参考学时	72学时
职业能力要求	1. 学会认识电气图用图形符号; 2. 通过手册或网络,能够查找相关的符号、代号; 3. 具有电气识图和电气绘图的能力; 4. 通过电路的识读,理解电路图的原理; 5. 掌握电气原理图设计、印制电路板设计的基本步骤; 6. 掌握印制电路板设计中导线的操作; 7. 对于复杂的电气原理图,能进行分析,将其模块化,能绘制层次化原理图; 8. 能够创建 PCB 元件,进行线路板查错和仿真		
学习目标	1. 了解电气制图的国家标准; 2. 掌握电气图的常用表示方法; 3. 掌握电气图用图形符号; 4. 熟悉电气原理图、印制电路板电气图的识读方法和步骤; 5. 熟悉 ProtelDXP 2004 软件的组成和操作环境; 6. 掌握电路原理图、印制电路板的设计和绘制; 7. 明确 PCB 板设计的重要性和基本规则		
学习内容	学习情境1:防盗设备电路图的识读; 学习情境2:典型功放电路的电路原理图的设计; 学习情境3:PWM 调制波层次原理图的设计; 学习情境4:运算放大电路印制电路板图的设计; 学习情境5:电话监控器印制电路板图的设计; 学习情境6:电路仿真		

3. 专业核心学习领域教学标准

依据城市轨道交通控制专业的培养目标和主要就业岗位的要求,专业核心学习领域的教学标准确定如表3-8所示。

专业核心学习领域教学标准 表 3-8

学习领域 1	现场总线控制网络技术		
学期	第 3 学期	参考学时	72 学时
职业能力要求	1. 掌握城市轨道交通信号设备系统的设计规范； 2. 能管理城市轨道交通信号设备系统中的各子系统； 3. 能参与城市轨道交通信号设备系统施工或施工管理； 4. 具有查阅资料、手册、行业技术规范的能力； 5. 具备勤劳诚信、善于协作配合、善于沟通交流等职业素养		
学习目标	1. 理解城市轨道交通信号设备系统的功能； 2. 掌握城市轨道交通信号设备系统各个子系统的设计规范； 3. 掌握城市轨道交通信号设备系统的施工及管理知识； 4. 掌握城市轨道交通信号设备系统各个子系统的维护知识		
学习内容	学习情境 1：继电器的应用与维护； 学习情境 2：信号机的应用与维护； 学习情境 3：轨道电路的应用与维护； 学习情境 4：转辙机的应用与维护； 学习情境 5：联锁设备的应用与维护		
学习领域 2	轨道交通设备系统		
学期	第 3 学期	参考学时	72 学时
职业能力要求	1. 理解城市轨道交通设备系统的功能； 2. 掌握城市轨道交通设备系统各个子系统的设计规范； 3. 掌握城市轨道交通设备系统的施工及管理知识； 4. 掌握城市轨道交通设备系统各个子系统的维护知识		
学习目标	1. 掌握城市轨道交通设备系统的设计规范； 2. 能管理城市轨道交通设备系统中的任一子系统； 3. 能参与城市轨道交通设备系统施工或施工管理； 4. 具有查阅资料、手册、行业技术规范的能力； 5. 具备勤劳诚信、善于协作配合、善于沟通交流等职业素养		
学习内容	学习情境 1：城市轨道交通设备系统的组成与车站的建筑设计； 学习情境 2：城市轨道交通供电系统、通信系统、信号系统的功能与工作原理； 学习情境 3：城市轨道交通火灾自动报警系统与自动售检票系统的设计以及设备使用与维护； 学习情境 4：城市轨道交通通风空调系统、给排水及消防系统运行模式与材料的选择； 学习情境 5：城市轨道交通控制中心与车辆段以及综合基地设备的功能介绍		
学习领域 3	车站信号自动控制		
学期	第 4 学期	参考学时	72 学时
职业能力要求	1. 具有正确使用车站信号自动控制系统设备的能力； 2. 具有对车站信号自动控制系统设备故障进行处理的能力； 3. 培养学生综合运用车站信号自动控制系统技术的能力； 4. 培养学生的操作、检测、调试和维护动手能力		

续上表

学习领域 3	车站信号自动控制		
学期	第 4 学期	参考学时	72 学时
学习目标	1. 掌握 6502 电气集中的基本概念、设备组成、电路原理； 2. 全面学习站内联系电路和故障分析处理； 3. 通过对电路基本原理和电路故障分析的结合运用，能重点分析电路动作程序，并加深对 6502 电气集中电路整体概念的理解和建立； 4. 具有对车站信号自动控制系统设备的正确操作、检测、调试和维护等技能		
学习内容	学习情境 1：选择组电路； 学习情境 2：执行组电路； 学习情境 3：联系电路； 学习情境 4：电气集中故障分析与处理； 学习情境 5：计算机联锁系统		
学习领域 4	列车自动控制系统		
学期	第 4 学期	参考学时	72 学时
职业能力要求	1. 具备熟练掌握城市轨道交通列车自动控制系统的管理操作能力； 2. 具备对城市轨道交通列车自动控制系统的故障进行分析处理的能力； 3. 具有独立完成教学基本要求项目试验的能力； 4. 培养学生综合运用列车自动控制技术的实践能力； 5. 培养学生的独立思考能力和对实际问题的理解能力		
学习目标	1. 掌握列车自动控制（ATC）系统在城市轨道交通系统中的作用； 2. 掌握 ATC 系统的主要子系统的组成、功能和实现方式； 3. 明确 ATS 子系统中车地信息交换（TWC）的方式及工作原理； 4. 掌握我国城市轨道交通列车自动控制系统的发展和工作原理； 5. 掌握车站程序定位停车的工作原理、定位停车点的信息传输方式和信息内容； 6. 掌握车载 ATC 系统的结构、列车自动运行的原理、ATO 子系统的主要功能； 7. 掌握基于通信的列车控制（CBTC）系统的主要结构和工作原理； 8. 了解移动闭塞的发展趋势和非正常情况下列车运行的后备模式		
学习内容	学习情境 1：列车运行控制系统概述； 学习情境 2：与列车运行相关的设备； 学习情境 3：列车运行控制的技术与方法； 学习情境 4：列车自动控制（ATC）系统； 学习情境 5：列车自动防护（ATP）系统； 学习情境 6：列车自动驾驶（ATO）系统； 学习情境 7：列车自动监控（ATS）系统； 学习情境 8：基于通信的列车控制（CBTC）系统； 学习情境 9：非正常情况下列车运行		

续上表

学习领域5	信号工程设计与施工		
学期	第5学期	参考学时	84学时
职业能力要求	1. 能够进行铁路信号工程常用图纸的设计，具有从事小型铁路信号工程的设计能力； 2. 能够完成各种信号设备的施工安装，掌握信号设备的安装、调试和电路导通试验的方法、步骤； 3. 具有熟练操作和使用各种测试仪器、仪表测试信号设备，并按照技术标准调试信号设备的能力和分析、处理各种信号设备常见故障的能力； 4. 具有从事铁路信号专业的技术、生产、安全等工作的管理能力		
学习目标	1. 了解从事城市轨道交通控制专业技术工作所需要的联锁、闭塞等专业学科知识； 2. 掌握继电集中联锁、计算机联锁的设计标准、设计方法； 3. 掌握自动闭塞工程的设计标准、设计方法； 4. 掌握计算机辅助设计信号工程图纸的绘制方法		
学习内容	学习情境1：初步设计； 学习情境2：继电集中联锁施工设计； 学习情境3：计算机联锁工程设计； 学习情境4：自动闭塞工程设计； 学习情境5：室内设备的安装及试验； 学习情境6：室外设备的施工安装		
学习领域6	区间信号设备		
学期	第5学期	参考学时	84学时
职业能力要求	1. 具有熟练使用区间信号控制设备的能力； 2. 具有对各种区间信号控制设备故障进行处理的能力； 3. 培养学生综合运用区间信号控制技术的能力； 4. 培养学生的操作、检测、调试和维护的动手能力		
学习目标	1. 掌握区间信号控制各设备功能，包括64D设备、UM71系统和ZPW-2000A系统的工作原理； 2. 掌握64D设备、UM71系统和ZPW-2000A系统的操作方法； 3. 掌握64D设备、UM71系统和ZPW-2000A系统安装与施工方法； 4. 具有对64D设备、UM71系统和ZPW-2000A系统设备进行检测、调试和维护等能力		
学习内容	学习情境1：继电式区间设备的操作使用 任务一：64D继电半自动闭塞的操作 任务二：64D继电设备的故障检测 学习情境2：集成电路区间设备的操作使用 任务一：UM系列轨道电路设备的操作 任务二：UM系列轨道电路设备的维护 学习情境3：微处理器区间设备的操作使用 任务一：ZPW-2000A系统室内外设备安装 任务二：ZPW-2000A系统室内外设备操作		

4. 专业拓展学习领域教学标准

依据城市轨道交通控制专业的培养目标和岗位拓展需求，专业拓展学习领域教学标准确定如表 3-9 所示。

专业拓展学习领域教学标准

表 3-9

学习领域 1	综合布线		
学期	第 4 学期	参考学时	108 学时
职业能力要求	1. 能设计中小型综合布线系统方案； 2. 能绘制各种综合布线图； 3. 会进行综合布线产品选型和材料预算； 4. 能按规范安装管槽路由、设备间、电信间、工作区等综合布线系统环境； 5. 能按规范敷设和端接双绞线和光缆		
学习目标	1. 掌握综合布线系统方案的设计规范； 2. 对综合布线任意子系统进行施工； 3. 完成综合布线系统的预算； 4. 在任何工作间完成综合布线工程的施工； 5. 具备勤劳诚信、善于协作配合、善于沟通交流等职业素养		
学习内容	学习情境 1：综合布线系统认知； 学习情境 2：楼宇内综合布线； 学习情境 3：外场区综合布线； 学习情境 4：综合布线工程概预算与招投标； 学习情境 5：综合布线工程管理		
学习领域 2	专业英语		
学期	第 4 学期	参考学时	54 学时
职业能力要求	1. 具备城市轨道交通专业知识； 2. 掌握特殊工作场景中的英语词汇； 3. 能够看懂轨道交通英语科技文献		
学习目标	1. 了解英语基本语法； 2. 了解电气工程、车辆、线路、站务和客运服务方面的英语基础知识； 3. 掌握轨道交通车辆和控制系统的英语词汇； 4. 掌握轨道交通供电和电气设备的英语词汇		
学习内容	学习情境 1：交通基础知识； 学习情境 2：城市轨道交通车辆和控制系统； 学习情境 3：城市轨道交通供电和电气设备		
学习领域 3	传感器原理与应用		
学期	第 5 学期	参考学时	70
职业能力要求	1. 掌握各类传感器的基本理论； 2. 能合理地选择和使用传感器； 3. 掌握常用传感器的工程设计方法和试验研究方法； 4. 了解传感器的发展动向		

续上表

学习领域 3	传感器原理与应用		
学期	第 5 学期	参考学时	70
学习目标	1. 掌握几何量、机械量及有关量测量中常用的各种传感器的工作原理； 2. 掌握几何量、机械量及有关量测量中常用的各种传感器的主要性能； 3. 掌握几何量、机械量及有关量测量中常用的各种传感器特点		
学习内容	学习情境 1：认识传感器； 学习情境 2：温度及环境量的检测； 学习情境 3：力和压力的检测； 学习情境 4：液位和流量的检测； 学习情境 5：位置检测和位移检测		
学习领域 4	城市轨道交通信息技术		
学期	第 5 学期	参考学时	70 学时
职业能力要求	1. 掌握城市轨道交通供电系统信息化； 2. 掌握城市轨道交通运营调度指挥信息化； 3. 掌握城市轨道交通客运服务信息化； 4. 掌握城市轨道交通安全保障信息化； 5. 掌握城市轨道交通综合监控集成技术及系统		
学习目标	1. 了解城市轨道交通信息化的背景及相关内容； 2. 掌握城市轨道交通信息化各个子系统的应用； 3. 掌握城市轨道交通综合监控集成技术及系统知识； 4. 掌握行车业务培训信息化流程		
学习内容	学习情境 1：城市轨道交通信息化概述； 学习情境 2：城市轨道交通信息化； 学习情境 3：城市轨道交通综合监控集成技术及系统； 学习情境 4：行车业务培训信息化		
学习领域 5	城市轨道交通概论		
学期	第 3 学期	参考学时	72 学时
职业能力要求	1. 掌握轨道交通工程各个子系统设计规范； 2. 能了解轨道交通工程中的任一子系统； 3. 能参与轨道交通工程的运营和安全管理； 4. 具有查阅资料、手册、行业技术规范的能力		
学习目标	1. 掌握城市轨道交通系统的整体概念、系统的结构特点，各组成部分特点； 2. 了解城市轨道交通系统的线路工程、轨道结构、信号系统与运营组织； 3. 了解各部分之间的相互关系和作用及其衔接协调； 4. 掌握城市轨道交通的安全管理知识		

续上表

学习领域5	城市轨道交通概论		
学期	第3学期	参考学时	72学时
学习内容	学习情境1:轨道交通发展与规划; 学习情境2:轨道交通形式与特点; 学习情境3:轨道交通电子牵引系统; 学习情境4:轨道交通信号设备; 学习情境5:轨道交通运营组织; 学习情境6:轨道交通安全管理		
学习领域6	轨道交通运营管理基础		
学期	第4学期	参考学时	72
职业能力要求	1. 掌握城市轨道交通运营特性; 2. 掌握城市轨道交通设备管理; 3. 根据客流计划制订运营计划; 4. 掌握列车运行图的编制; 5. 掌握列车的运行组织、车站和车场工作组织; 6. 掌握城市轨道交通管理体制		
学习目标	1. 了解城市轨道交通运营的类型及发展情况; 2. 掌握客流量的计算和运营计划的编制; 3. 掌握列车运行和车站工作的组织; 4. 掌握城市轨道交通客运管理		
学习内容	学习情境1:城市轨道交通运营和发展; 学习情境2:城市轨道交通系统设备; 学习情境3:运营计划的制订; 学习情境4:列车运行图的编制和运行调度指挥; 学习情境5:列车行车工作; 学习情境6:城市轨道交通管理体制		

5. 独立实践环节教学标准

独立实践环节是培养学生专业技能、操作能力的重要环节,本阶段的专项实训应该与相应课程紧密结合,生产实习和毕业顶岗实习应该规范管理。独立实践环节教学标准如表3-10所示。

独立实践环节教学标准 表3-10

学习领域	毕业顶岗实习		
学期	第6学期	学时	570学时
职业能力要求	通过毕业顶岗实习使学生加深对专业理论知识的理解,培养和提高学生实际操作和分析问题、解决问题的能力,使学生综合运用所学理论知识与轨道交通信号实践紧密结合,为毕业后从事相关工作打下良好的基础		

续上表

学习领域	毕业顶岗实习
学习目标	1. 在实习过程中认知设计或施工等企业的工作流程和各岗位的职责任务，提高岗位的适应能力，学会以各种方式学习，综合素质要有明显提高； 2. 将施工等专业知识和相关政策法规结合，并运用到相应的实践岗位，提高观察问题、发现问题、分析问题、解决问题的能力，提高专业水平； 3. 在规范有序的实际工作中养成努力钻研、吃苦耐劳的精神
学习内容	1. 掌握各种轨道交通信号设备的种类、功能、构造及组成等，能进行现场读图、维护维修； 2. 熟悉新技术、新工艺、新方法，特别是技术管理、技术员的工作职责、技术文件的分类及整理等

（二）教学组织

贯彻“合作办学、合作育人、合作发展”的理念，按照“依托行业、对接产业、定位职业、服务社会”的专业建设思路，以行动导向实施课程教学，形成以教师为主导、学生为主体、教学做合一、理论与实践合一、工学结合的教学模式。始终要重视学生在校学习与实际工作的一致性，采取工学交替、任务驱动、项目导向的一体化教学模式，运用任务驱动法、项目导向法、情境教学法、案例分析法、现场教学法、课堂讨论法等教学方法进行教学，立足于加强学生实际操作能力的培养。

核心课程建议采用“任务驱动、项目导向”教学法，通过典型的工作任务或项目，由教师提出要求或示范，组织学生进行活动，注重“教”与“学”的互动，让学生在活动中增强爱岗敬业、团结协作的意识，实现技能与素质的同步提高。实施“教、学、做”一体化教学，提高学生的学习兴趣，有效培养学生的职业能力；教师可着重进行引导并实施监督和评价。实践课程要加强引导、示范，创设工作情境，让学生亲自动手，提高学生岗位适应能力和分析、处理问题的能力。

在教学过程中，要充分借鉴多媒体、教学资源库、网络资源等教学资源辅助教学，帮助学生理解所学知识。重视本专业领域新技术、新工艺、新设备的发展趋势。要充分利用校外实训基地，校企合作，工学结合，积极引导学生提升职业素养、提高职业道德，紧密结合职业技能证书的考核，加强取证项目的训练。

（三）考核评价

吸纳用人单位专家参与教学质量评价，建立以能力为核心、以过程为重点的学习绩效考核评价体系。针对不同类型的课程采用不同的考核方法。对公共基础课程，建议采取理论考核的方法；对于专业学习领域，建议采取过程考核与综合考核相结合的方式；对于实践学习领域，尽量采用实操考核、过程考核的方法。具体原则如下：

1. 公共基础学习领域

总评成绩 = 平时成绩（考勤、提问、作业等）×40% + 期终考核 ×60%。

2. 专业学习领域

采取过程考核与综合考核相结合的评价方式，同时根据学生取得相应工种的职业资格证书的情况，综合评价学生成绩。

其中过程考核包括学习态度、课程作业等，占课程总成绩的40%；综合考核包括期末考试、实践考核等，占课程总成绩的60%。

如学生取得相应工种的职业资格证书，则该门课程考核合格。

3. 独立实践环节

以工作态度、实际操作和实习报告等情况综合评定学生成绩，其中工作态度、实际操作等占80%（在企业完成的项目由企业指导教师评定），实习报告占20%。

（执笔人：张飞）

第三部分　附　　件

附件1:《现场总线控制网络技术》课程标准

一、课程定位

本课程定位如表1所示。

课 程 定 位 表　　表1

课程名称及编号	现场总线控制网络技术,522011
开设学期及学时	第4学期,共计68学时
课程类型	专业核心学习领域
先导课程	计算机网络与通信
平行课程	轨道交通设备系统
后续课程	车站信号自动控制、列车自动控制系统

二、课程性质

本课程是城市轨道交通控制专业的专业核心课程,通过本课程的学习使学生掌握现场总线网络拓扑结构、现场总线主要技术指标、主要连接件和接口设备使用和维护,了解硬件和软件组态操作,了解现场总线工程与设计,为日后在高速铁路现场工作打下坚实的基础。通过学习,学生应达到熟悉和掌握现场总线通信网络的相应知识与技能要求。

三、课程设计思路

本课程立足于职业能力培养,采用项目为逻辑主线组织教学内容和实施课程教学,打破以知识传授为主要特征的传统学科课程模式,将完成工作任务必需的相关理论知识构建于项目之中,学生在完成具体项目的过程中学会完成相应工作任务,掌握必备的理论知识,训练职业能力。

四、课程目标

(一)知识目标

(1)熟悉工业控制系统体系结构;
(2)熟悉计算机局域网及其拓扑结构;
(3)了解信号的传输和编码技术;
(4)了解现场总线网络结构与互联网的网络结构的不同;

(5)熟悉现场总线常用的主要连接件、仪表和接口设备；
(6)熟悉现场总线技术指标；
(7)熟悉现场总线工程与设计；
(8)掌握现场总线使用和维护原则。

(二)能力目标

(1)掌握主要连接件的使用；
(2)掌握接口设备的使用；
(3)掌握现场总线常用的电缆和电源操作；
(4)掌握现场总线项目改造指标和原则；
(5)掌握硬件和软件组态操作；
(6)掌握现场总线三级网络拓扑结构和布线。

(三)素质目标

(1)具有勤奋学习的态度，严谨求实、创新的工作作风；
(2)具有良好的心理素质、职业道德素质以及高度责任心和良好的团队合作精神；
(3)具有一定的判断、分析、解决问题的能力；
(4)具备良好的服务意识和市场观念；
(5)养成"认真负责、精检细修、文明生产、安全生产"等良好的职业道德。

五、课程内容与学习目标

(一)课程内容结构安排

本课程分为现场总线控制网络技术基础等6个学习情境、现场总线的应用范围等21个工作任务，具体见表2。

课程内容结构安排一览表　　表2

序号	学习情境	工作任务	参考学时
1	现场总线控制网络技术基础	现场总线的应用范围	2
		现场总线的国际标准和行业标准	2
		网络化控制系统	4
2	现场总线控制网络技术	数据通信技术	3
		网络拓扑结构	3
		网络传输介质	3
		网络访问控制方式	3
		OSI参考模型和功能划分	4
		现场总线控制网络通信模型	6
3	控制器局域网(CAN)通信技术	CAN通信协议	4
		CAN总线控制器SJA1000	4
		CAN总线驱动器PAC82C250	6

续上表

序号	学习情境	工作任务	参考学时
4	控制器局域网(CAN)通信节点设计	基于51单片机的CAN智能节点	4
		非智能PC-104总线CAN适配卡	4
		非智能ISA总线CAN适配卡	2
		智能ISA总线CAN适配卡	2
5	控制器局域网(CAN)实时性分析	CAN总线延时分析	3
		CAN总线延时变化	2
		实时性提升策略	3
6	工业以太网技术及网络化控制系统	工业以太网关键技术分析	2
		网络化悬浮控制系统的设计与实现	4
合计			68

(二)课程内容要求(表3)

课程内容要求 表3

<table>
<tr><td colspan="2">学习情境1:现场总线控制网络技术基础</td><td>参考学时:8</td></tr>
<tr><td colspan="3">学习目标:
1. 对现场总线网络控制技术有系统的认知;
2. 掌握当前典型的现场总线协议标准;
3. 掌握网络现场总线控制技术</td></tr>
<tr><td colspan="3">学习内容:
1. 了解现场总线控制网络技术系统的发展;
2. 了解各种典型的现场总线控制协议;
3. 了解当前国际和国内关于现场总线协议的标准</td></tr>
<tr><td>教学资源:
1. 讲义、教案、多媒体课件等;
2. 施工案例、规范规程、施工手册等</td><td colspan="2">对学生基础要求:
1. 对现场总线网络控制系统有一定的了解;
2. 具备较好的逻辑思维能力;
3. 具备较好的沟通能力</td></tr>
<tr><td colspan="2">学习情境2:现场总线控制网络技术</td><td>参考学时:22</td></tr>
<tr><td colspan="3">学习目标:
1. 数据通信技术;
2. 网络拓扑结构;
3. 网络传输介质;
4. 网络访问控制方式;
5. OSI参考模型和功能;
6. 现场总线控制网络通信模型</td></tr>
</table>

续上表

<table>
<tr><td>学习情境2:现场总线控制网络技术</td><td>参考学时:22</td></tr>
<tr><td colspan="2">学习内容:
1. 了解数据通信技术;
2. 了解网络拓扑结构;
3. 了解网络传输介质;
4. 了解网络访问控制方式;
5. 了解 OSI 参考模型和功能;
6. 了解现场总线控制网络通信模型</td></tr>
<tr><td>教学资源:
1. 讲义、教案、多媒体课件、图纸、模型等;
2. 施工案例、规范规程、施工手册等</td><td>对学生基础要求:
1. 具备计算机网络基础知识;
2. 具备较好的逻辑思维能力;
3. 具备较好的沟通能力</td></tr>
<tr><td>学习情境3:控制器局域网(CAN)通信技术</td><td>参考学时:12</td></tr>
<tr><td colspan="2">学习目标:
1. 了解 CAN 通信协议;
2. 了解 CAN 总线控制器 SJA1000;
3. 了解 CAN 总线驱动器 PAC82C250</td></tr>
<tr><td colspan="2">学习内容:
1. CAN 通信协议;
2. CAN 总线控制器 SJA1000;
3. CAN 总线驱动器 PAC82C250</td></tr>
<tr><td>教学资源:
1. 讲义、教案、多媒体课件、图片、规程等;
2. 施工案例、规范规程、施工手册等</td><td>对学生基础要求:
1. 具备计算机基础知识,具有熟练的文字处理能力,动手能力强;
2. 具备较好的逻辑思维能力;
3. 具备较好的沟通能力</td></tr>
<tr><td>学习情境4:控制器局域网(CAN)通信节点设计</td><td>参考学时:20</td></tr>
<tr><td colspan="2">学习目标:
1. 了解基于 51 单片机的 CAN 智能节点;
2. 了解非智能 PC-104 总线 CAN 适配卡;
3. 了解非智能 ISA 总线 CAN 适配卡;
4. 了解智能 ISA 总线 CAN 适配卡</td></tr>
<tr><td colspan="2">学习内容:
1. 基于 51 单片机的 CAN 智能节点;
2. 非智能 PC-104 总线 CAN 适配卡;
3. 非智能 ISA 总线 CAN 适配卡;
4. 智能 ISA 总线 CAN 适配卡</td></tr>
</table>

续上表

学习情境4:控制器局域网(CAN)通信节点设计	参考学时:20
教学资源: 1. 讲义、教案、多媒体课件、图片等; 2. 施工案例、规范规程、施工手册等	对学生基础要求: 1. 具备计算机知识,具有熟练的文字处理能力; 2. 具备较好的逻辑思维能力; 3. 具备较好的沟通能力
学习情境5:控制器局域网(CAN)实时性分析	参考学时:6
学习目标: 1. 了解 CAN 总线延时分析; 2. 了解 CAN 总线延时变化; 3. 了解实时性提升策略	
学习内容: 1. CAN 总线延时分析; 2. CAN 总线延时变化; 3. 实时性提升策略	
教学资源: 1. 讲义、教案、多媒体课件、图片等; 2. 施工案例、规范规程、施工手册等	对学生基础要求: 1. 具备计算机基础知识,具有熟练的文字处理能力; 2. 具备较好的逻辑思维能力; 3. 具备较好的沟通能力
学习情境6:工业以太网技术及网络化控制系统	参考学时:8
学习目标: 1. 了解工业以太网关键技术; 2. 了解网络化悬浮控制系统的设计与实现	
学习内容: 1. 工业以太网关键技术分析; 2. 网络化悬浮控制系统的设计与实现	
教学资源: 1. 讲义、教案、多媒体课件、图片等; 2. 施工案例、规范规程、施工手册等	对学生基础要求: 1. 具备计算机基础知识,具有熟练的文字处理能力; 2. 具备较好的逻辑思维能力; 3. 具备较好的沟通能力

六、课程实施建议

(一)教材及参考资源建议

1. 教材

[1]龙志强,等. 现场总线控制网络技术[M]. 北京:机械工业出版社,2011.

[2]许洪华. 现场总线与工业以太网技术[M]. 北京:电子工业出版社,2007.

2. 参考书

[1]陈在平,岳有军. 工业控制网络与现场总线[M]. 北京:机械工业出版社,2013.

[2]复继强,邢春香,等. 现场总线工业控制网络技术[M]. 北京:北京航空航天大学出版社,2005.

(二)师资条件建议

(1)专任教师:具有高校教师资格证,具有城市轨道交通管理岗位工作经历,精通城市轨道工程施工相关的基本理论与专业知识,具有较强的教科研能力。

(2)兼职教师:具有2年以上城市轨道建设施工管理及相关岗位工作经历,有丰富的实际工作经验,具有中级以上专业技术职务或在职业技能竞赛中获得过奖励,具有较强的教学组织能力。

(三)实验实训条件建议

本课程对实验实训条件的要求如表4所示。

实验实训条件配置建议 表4

实训室名称	主要设备名称	主要实训项目
城市轨道交通控制实训室	现场总线网络控制台	1. 现场总线网络控制信号; 2. 提高学生对工业总线网络控制的动手能力

(四)教学方法建议

针对具体的教学内容和教学过程,总体采用项目教学法。在具体教学过程中,采用任务引导法、案例法、小组协作学习法等多种方法组织教学,以学生为中心,"做中学、学中做",让学生人人参与,培养学生的团队协作能力和实践动手能力。

(五)教学评价建议

本课程采用过程考核、综合考核等多元性评价,其中过程考核包括学习态度、课程作业,占课程总成绩的40%;综合考核包括期末考试等,占课程总成绩的60%,全面综合评价学生能力。本课程教学评价建议如表5所示。

课 程 考 核 表 表5

考核项目		考核方式	比例	
			分项	总体
过程考核	学习态度	根据课堂教学参与情况,课堂回答问题、出勤情况,由教师综合评定学生的学习态度得分	50%	40%
	课程作业	根据学生完成课后作业、任务工单的情况由教师来评定成绩	50%	
综合考核		结合期末考试、实践考核等综合评定学生成绩	100%	60%
合计				100%

(课程标准制订人:张铮)

附件2:《轨道交通设备系统》课程标准

一、课程定位

本课程定位如表1所示。

课 程 定 位 表 表1

课程名称及编号	轨道交通设备系统,522037
开设学期及学时	第3学期,共计68学时
课程类型	专业核心学习领域
先导课程	电子电工技术、计算机网络与通信、供配电与照明技术
平行课程	现场总线控制网络技术、电气制图与CAD
后续课程	车站信号自动控制、综合布线、列车自动控制系统

二、课程性质

本课程是城市轨道交通控制专业的专业核心课程,其目的是使学生掌握城市轨道交通设备系统各个方面的技术知识,包括车站建筑、供电系统、通信系统、信号系统、火灾自动报警系统、自动售票检票系统、通风空调系统、给排水及消防系统。本课程具有基础性、前沿性和实用性的特点。

三、课程设计思路

本课程立足于职业能力培养,采用工学结合的教学方法,根据城市轨道交通设备系统的设计、施工、维护相关知识和技能的培养需要,以典型工作任务为载体,选择与设计教学内容,创建全真工作场景的校内实训环境,以工作过程为导向开发实训教学项目,同时改革教学组织形式与考核方式,实现"以学生为主体"的组织式学习和自主式学习多种学习过程,确保学生在学习过程中积累职业知识和技能。

四、课程目标

(一)知识目标

(1)能设计中小型综合布线系统方案;
(2)掌握城市轨道交通设备系统各个子系统的设计规范;
(3)掌握城市轨道交通设备系统的施工及管理知识;
(4)掌握城市轨道交通设备系统各个子系统的维护知识。

(二)能力目标

(1)理解城市轨道交通设备系统的功能;
(2)能管理城市轨道交通设备系统中的任一子系统;
(3)能参与城市轨道交通设备系统施工或施工管理;
(4)查阅资料、手册、行业技术规范的能力;
(5)具备勤劳诚信、善于协作配合、善于沟通交流等职业素养。

(三)素质目标

(1)培养学生用发展的眼光规划城市轨道交通设备系统的建设;
(2)培养学生了解城市轨道交通设备系统在城市轨道交通安全运行中的重要意义;
(3)培养学生在管理中用科学的方法和严谨的态度对隧道机电系统进行维护和管理;
(4)注重遵章守纪、积极思考、耐心、细致、勇于实践、竞争意识等职业素质的养成。

五、课程内容与学习目标

(一)课程内容结构安排

本课程分为车站设计等5个学习情境、城市轨道交通设备系统认知等47个工作任务,具体见表2。

课程内容结构安排一览表 表2

序号	学习情境	工作任务	参考学时
1	车站设计	城市轨道交通设备认知	1
		城市轨道交通设备组成	1
		总平面设计	2
		车站平面设计、换乘设计	2
		车站无障设计与防火	2
2	主体系统设计与使用	供电系统供电方式认知	2
		变电所、供电负荷分类	2
		电力监控系统(SCADA)	1
		动力照明供电系统	1
		杂散电流及防护、综合接地系统	2
		传输系统	1
		有线电话系统、无线通信系统	2
		闭路电视监控系统	2
		广播系统、时钟系统	1
		电源系统及接地、防雷	2
		公用通信系统、公安(消防)通信系统	1
		信号系统的基础设备、系统功能	1
		ATC系统的闭塞方式	2
		信号系统的控制方式	2
		系统局部故障的降级使用	2
		信号系统接口认知	2
		城市轨道交通现代信号技术	1
3	FAS和AFC的使用与维护	楼宇间布线工程技术	1
		光缆端接工程技术	1
		收费岛与收费广场布线工程技术	2
		火灾自动报警系统	1

续上表

序号	学习情境	工作任务	参考学时
3	FAS和AFC的使用与维护	地铁FAS系统构成	1
		FAS系统使用	1
		AFC系统使用	2
		车站设备使用与维护	1
4	辅助系统的设计与使用	通风空调系统认知	1
		通风空调系统运行	1
		通风空调系统的负荷计算	1
		地下车站的防排烟设计	1
		通风空调设备选型、城市轨道交通通风空调的自动控制	2
		城市轨道交通给排水及消防系统的设计	1
		给水系统、排水系统设计与使用	1
		人防给水排水系统应用	2
		消防系统应用	1
		气体灭火系统应用	2
5	车辆段设备设计与使用	控制中心功能认知	2
		控制中心技术设备与辅助设备使用	2
		控制中心案例	1
		车辆基地的基本功能和设计	1
		车辆段设计与使用	1
		综合维修中心、物资总库、培训中心	2
		车辆段与综合基地主要设备认知	1
合计			68

(二)课程内容要求(表3)

课程内容要求 表3

学习情境1:车站设计	参考学时:8
学习目标: 1. 了解城市轨道交通设备系统的发展; 2. 了解城市轨道交通设备系统的组成; 3. 了解总平面设计; 4. 了解车站平面设计、换乘设计; 5. 了解车站无障设计与防火	
学习内容: 1. 城市轨道交通设备系统的发展; 2. 城市轨道交通设备系统的组成; 3. 总平面设计; 4. 车站平面设计、换乘设计; 5. 车站无障设计与防火	

续上表

<table>
<tr><td>学习情境1:车站设计</td><td>参考学时:8</td></tr>
<tr><td>教学资源:
1. 讲义、教案、多媒体课件等;
2. 技术标准、操作规程、技术手册等</td><td>对学生基础要求:
1. 对城市轨道交通设备系统有一定的了解;
2. 具备较好的逻辑思维能力;
3. 具备较好的沟通能力</td></tr>
<tr><td>学习情境2:主体系统设计与使用</td><td>参考学时:27</td></tr>
<tr><td colspan="2">学习目标:
1. 了解供电系统的功能及供电方式;
2. 了解电力监控系统(SCADA)、动力照明供电系统;
3. 了解传输系统、有线电话系统、无线通信系统;
4. 了解闭路电视监控系统、信号系统与信号系统的控制方式;
5. 了解信号系统的设备功能与信号系统的控制方式以及信号系统与其他专业的接口;
6. 了解公用通信系统、公安(消防)通信系统;
7. 了解电源系统及接地、防雷</td></tr>
<tr><td colspan="2">学习内容:
1. 供电系统的功能及供电方式;
2. 电力监控系统(SCADA)、动力照明供电系统;
3. 传输系统、有线电话系统、无线通信系统;
4. 闭路电视监控系统、信号系统与信号系统的控制方式;
5. 信号系统的设备功能与信号系统的控制方式以及信号系统与其他专业的接口;
6. 公用通信系统、公安(消防)通信系统;
7. 电源系统及接地、防雷</td></tr>
<tr><td>教学资源:
1. 讲义、教案、多媒体课件、图纸、模型等;
2. 技术标准、操作规程、技术手册等</td><td>对学生基础要求:
1. 对城市轨道交通设备系统中的供电系统、通信系统、信号系统的功能与工作原理有初步的了解;
2. 具备较好的逻辑思维能力;
3. 具备较好的沟通能力</td></tr>
<tr><td>学习情境3:FAS和AFC的使用与维护</td><td>参考学时:10</td></tr>
<tr><td colspan="2">学习目标:
1. 了解火灾自动报警系统;
2. 了解地铁FAS系统构成及FAS系统与其他系统的接口及电源接地要求;
3. 了解车站设备(终端设备);
4. 了解票务管理及运行模式;
5. 了解设备布置、设备用房设置原则</td></tr>
<tr><td colspan="2">学习内容:
1. 火灾自动报警系统;
2. 地铁FAS系统构成及FAS系统与其他系统的接口及电源接地要求;
3. 车站设备(终端设备);
4. 票务管理及运行模式;
5. 设备布置、设备用房设置原则</td></tr>
</table>

续上表

<table>
<tr><td colspan="2">学习情境3:FAS和AFC的使用与维护</td><td>参考学时:10</td></tr>
<tr><td>教学资源:
1.讲义、教案、多媒体课件、FLASH动画等;
2.技术标准、操作规程、技术手册等</td><td colspan="2">对学生基础要求:
1.对城市轨道交通火灾自动报警系统与自动售检票系统的设计与设备使用维护进行了解;
2.具备较好的逻辑思维能力;
3.具备较好的沟通能力</td></tr>
<tr><td colspan="2">学习情境4:辅助系统的设计与使用</td><td>参考学时:13</td></tr>
<tr><td colspan="3">学习目标:
1.了解通风空调系统的制式、技术要求及运行模式;
2.了解通风空调系统的负荷计算;
3.了解地下车站的防排烟;
4.了解城市轨道交通给排水及消防系统的设计原理;
5.了解消防系统、管材;
6.了解气体灭火系统</td></tr>
<tr><td colspan="3">学习内容:
1.通风空调系统的制式、技术要求及运行模式;
2.通风空调系统的负荷计算;
3.地下车站的防排烟;
4.城市轨道交通给排水及消防系统的设计原理;
5.消防系统、管材;
6.气体灭火系统</td></tr>
<tr><td>教学资源:
1.讲义、教案、多媒体课件、图片等;
2.技术标准、操作规程、技术手册等</td><td colspan="2">对学生基础要求:
1.对城市轨道交通的通风空调系统、给排水及消防系统有一定的了解;
2.具备较好的逻辑思维能力;
3.具备较好的沟通能力</td></tr>
<tr><td colspan="2">学习情境5:车辆段设备设计与使用</td><td>参考学时:10</td></tr>
<tr><td colspan="3">学习目标:
1.了解控制中心的功能及控制中心的技术设备与辅助设备;
2.了解控制中心案例;
3.了解车辆基地的基本功能和设计原理;
4.了解车辆段;
5.了解综合维修中心、物资总库、培训中心;
6.了解车辆段与综合基地主要设备</td></tr>
<tr><td colspan="3">学习内容:
1.控制中心的功能及控制中心的技术设备与辅助设备;
2.控制中心案例;
3.车辆基地的基本功能和设计原理;
4.车辆段;
5.综合维修中心、物资总库、培训中心;
6.车辆段与综合基地主要设备介绍</td></tr>
</table>

续上表

学习情境5:车辆段设备设计与使用	参考学时:10
教学资源: 1. 讲义、教案、多媒体课件、图片等; 2. 技术标准、操作规程、技术手册等	对学生基础要求: 1. 对城市轨道交通控制中心与车辆段以及综合基地设备与设备功能有一定的了解; 2. 具备较好的逻辑思维能力; 3. 具备较好的沟通能力

六、课程实施建议

(一)教材及参考资源建议

1. 教材

周顺华. 城市轨道交通设备系统[M]. 北京:人民交通出版社,2009.

2. 参考书

[1]仇海兵. 城市轨道交通车站设备[M]. 2版. 北京:人民交通出版社,2012.

[2]颜景林. 城市轨道交通设备[M]. 成都:西南交通大学出版社,2012.

(二)师资条件建议

(1)专任教师:具有高校教师资格证,具有城市轨道管理岗位工作经历,精通城市轨道工程施工相关的基本理论与专业知识,具有较强的教科研能力。

(2)兼职教师:具有2年以上城市轨道建设施工管理及相关岗位工作经历,有丰富的实际工作经验,具有中级以上专业技术职务或在职业技能竞赛中获得过奖励,具有较强的教学组织能力。

(三)实验实训条件建议

本课程对实验实训条件的要求如表4所示。

实验实训条件配置建议 表4

实训室名称	主要设备名称	主要实训项目
城市轨道交通实训室	城市轨道交通实训沙盘	1. 城市轨道交通设备系统的组成与车站的建筑设计; 2. 提高学生对城市轨道交通设备系统的组成与车站的建筑设计的了解

(四)教学方法建议

针对具体的教学内容和教学过程,总体采用项目教学法。在具体教学过程中,采用任务引导法、案例法、小组协作学习法等多种方法组织教学,以学生为中心,“做中学、学中做”,让学生人人参与,培养学生的团队协作能力和实践动手能力。

（五）教学评价建议

本课程采用过程考核、综合考核等多元性评价，其中过程考核包括学习态度、课程作业，占课程总成绩的 40%；综合考核包括期末考试等，占课程总成绩的 60%，全面综合评价学生能力。本课程考核建议如表 5 所示。

课 程 考 核 表 表 5

考核项目		考核方式	比例	
			分项	总体
过程考核	学习态度	根据课堂教学参与情况，课堂回答问题、出勤情况，由教师综合评定学生的学习态度得分	50%	40%
	课程作业	根据学生完成课后作业、任务工单的情况由教师来评定成绩	50%	
综合考核		结合期末考试、实践考核等综合评定学生成绩	100%	60%
合计				100%

（课程标准制订人：陆文逸）

附件 3：《车站信号自动控制》课程标准

一、课程定位

本课程定位如表 1 所示。

课 程 定 位 表 表 1

课程名称及编号	车站信号自动控制，523013
开设学期及学时	第 4 学期，共 68 学时
课程类型	专业核心学习领域
先导课程	现场总线控制网络技术、轨道交通设备系统
平行课程	列车自动控制系统、综合布线
后续课程	信号工程设计与施工、区间信号自动控制、城市轨道交通信息技术

二、课程性质

本课程是城市轨道交通控制专业的专业核心课程，主要讲授我国城市轨道交通目前使用的车站信号自动控制系统（6502 电气集中系统），包括继电集中联锁、计算机集中联锁、道岔监控、进路监控、信号机监控等。通过本课程的学习，使学生对车站信号自动控制系统有基本的认识，并具有初步对车站信号自动控制系统拥有操作使用、维护检测以及施工调试能力。

三、课程设计思路

本课程立足于职业能力培养，使学生了解车站信号自动控制系统（6502 电气集中系统）的工作原理，掌握车站信号自动控制系统操作使用、管理、维修等能力。在学习过程中，注重培养学生遵守车站信号自动控制系统相关规章制度、安全作业等职业技能习惯，并培养他们的责任意识、任务意识和协作意识等职业素养。按照职业教育的能力培养目标，通过本课程学习继电集中联锁，以双线双向运行四显示自动闭塞提速区段为例，对车站信号自动控制系统的基本概念、设备组成、电路原理、站内联系电路和故障分析处理进行全面的学习，并将电路基本原理和电路故障分析结合起来，重点分析电路动作程序，加深对电气集中电路整体概念的理解和建立。

四、课程目标

（一）知识目标

（1）掌握6502电气集中的基本概念、设备组成、电路原理；

（2）全面学习站内联系电路和故障分析处理方法；

（3）通过对电路基本原理和电路故障分析的结合运用，能重点分析电路动作程序，并加深对6502电气集中电路整体概念的理解和建立；

（4）具有对车站信号自动控制系统设备的正确操作、检测、调试和维护等技能。

（二）能力目标

（1）具有正确使用车站信号自动控制系统设备的能力；

（2）具有对车站信号自动控制系统设备故障进行处理的能力；

（3）培养学生综合运用车站信号自动控制系统技术的能力；

（4）培养学生的操作、检测、调试和维护动手能力；

（5）具备勤劳诚信、善于协作配合、善于沟通交流等职业素养。

（三）素质目标

（1）培养学生的可持续发展的能力；

（2）培养学生与人交流和沟通的能力；

（3）培养学生与人合作的能力；

（4）注重遵章守纪、积极思考、耐心、细致、勇于实践、安全生产等职业素质能力的养成。

五、课程内容与学习目标

（一）课程内容结构安排

本课程分为选择组电路等5个学习情境、电气集中概述等25个工作任务，具体见表2。

课程内容结构安排一览表 表2

序号	学习情境	工作任务	参考学时
1	选择组电路	电气集中概述	4
		方向继电器电路、按钮继电器电路	2
		选岔继电器电路、选岔电路防护措施及继电器动作规律	2
		辅助开始继电器电路和终端继电器电路、开始继电器电路、选择组表示灯电路	2
		选择组电路动作程序	4

续上表

序号	学习情境	工作任务	参考学时
2	执行组电路	执行组电路组成、道岔控制电路	2
		道路锁闭和取消继电器电路、信号检查继电器电路	2
		区段检查及股道检查继电器电路、接近预告及照查继电器电路	2
		信号继电器电路、信号辅助继电器电路	2
		信号点灯继电器电路、进路锁闭与解锁、故障继电器电路	2
		正常解锁电路、取消进路和人工解锁电路	2
		调车中途返回解锁电路、引导信号电路、执行组表示灯电路	2
		执行组电路动作程序	4
3	联系电路	非进路调车	2
		到发线出岔电路	2
		延续进路电路	2
4	电气集中故障分析与处理	故障分类与处理方法	4
		道岔控制电路故障分析与处理	2
		信号点灯电路故障分析与处理	2
		轨道故障电路故障分析与处理	2
5	计算机联锁系统	计算机联锁综述	2
		计算机联锁系统的基本原理	6
		双机热备计算机联锁系统	6
		三取二和二乘二取二计算机联锁系统	6
合计			68

(二)课程内容要求(表3)

课程内容要求 表3

学习情境1:选择组电路	参考学时:14
学习目标: 1. 理解方向继电器的作用、技术要求、电路分析,按钮继电器的作用、电路; 2. 掌握选岔电路基本原理、实例分析、防护措施及动作规律; 3. 理解辅助开始继电器、终端继电器、开始继电器; 4. 掌握选择组表示灯电路; 5. 熟悉选择组电路动作程序(作用、动作时机、供电规律、动作程序)	
学习内容: 1. 方向继电器作用、技术要求、电路分析,按钮继电器作用、电路; 2. 选岔电路基本原理、实例分析、防护措施及动作规律; 3. 辅助开始继电器、终端继电器、开始继电器; 4. 选择组表示灯电路; 5. 选择组电路动作程序(作用、动作时机、供电规律、动作程序)	

续上表

<table>
<tr><td>学习情境1:选择组电路</td><td>参考学时:14</td></tr>
<tr><td>教学资源:
1.讲义、教案、多媒体课件等;
2.施工案例、规范规程、施工手册等</td><td>对学生基础要求:
1.对选择组电路有一定的了解;
2.具备较好的逻辑思维能力;
3.具备较好的沟通能力和团队协作工作能力;
4.能正确使用各种相关工具设备等;
5.自觉遵守安全作业要求</td></tr>
<tr><td>学习情境2:执行组电路</td><td>参考学时:18</td></tr>
<tr><td colspan="2">学习目标:
1.掌握执行组电路组成、道岔控制电路、道路锁闭和取消继电器电路、信号检查继电器电路、区段检查及股道检查继电器电路、接近预告及照查继电器电路、信号继电器电路、信号辅助继电器电路、信号点灯继电器电路、进路锁闭与解锁、故障继电器电路、正常解锁电路、取消进路和人工解锁电路、调车中途返回解锁电路、引导信号电路、执行组表示灯电路;
2.熟悉执行组电路动作程序(作用、动作时机、供电规律、动作程序)</td></tr>
<tr><td colspan="2">学习内容:
1.执行组电路组成、道岔控制电路、道路锁闭和取消继电器电路、信号检查继电器电路、区段检查及股道检查继电器电路、接近预告及照查继电器电路、信号继电器电路、信号辅助继电器电路、信号点灯继电器电路、进路锁闭与解锁、故障继电器电路、正常解锁电路、取消进路和人工解锁电路、调车中途返回解锁电路、引导信号电路、执行组表示灯电路;
2.执行组电路动作程序(作用、动作时机、供电规律、动作程序)</td></tr>
<tr><td>教学资源:
1.讲义、教案、多媒体课件、图纸、模型等;
2.施工案例、规范规程、施工手册等</td><td>对学生基础要求:
1.能进行熟练的工作交流与沟通;
2.能陈述设备工作原理;
3.能正确使用各种相关工具仪表等;
4.能快速分析故障原因;
5.自觉遵守信号工工作规范与劳动纪律;
6.自觉遵守安全作业要求</td></tr>
<tr><td>学习情境3:联系电路</td><td>参考学时:6</td></tr>
<tr><td colspan="2">学习目标:
1.掌握非进路调车技术要求、电路原理;
2.掌握到发线出岔电路技术要求、组合选用、动作过程;
3.熟悉延续进路技术要求、增设的继电器及作用、动作程序</td></tr>
<tr><td colspan="2">学习内容:
1.非进路调车技术要求、电路原理;
2.到发线出岔电路技术要求、组合选用、动作过程;
3.延续进路技术要求、增设的继电器及作用、动作程序</td></tr>
</table>

续上表

学习情境 3:联系电路	参考学时:6
教学资源: 1. 讲义、教案、多媒体课件、图片等; 2. 施工案例、规范规程、施工手册等	对学生基础要求: 1. 能进行熟练的工作交流与沟通; 2. 能陈述设备工作原理; 3. 能正确使用各种相关工具仪表等; 4. 能快速分析故障原因; 5. 自觉遵守信号工工作规范与劳动纪律; 6. 自觉遵守安全作业要求
学习情境 4:电气集中故障与处理	参考学时:10
学习目标: 1. 掌握车站信号故障分类与处理方法; 2. 能够对道岔控制电路、信号点灯电路、轨道故障电路进行分析与处理	
学习内容: 1. 故障分类与处理方法; 2. 道岔控制电路、信号点灯电路、轨道故障电路分析与处理	
教学资源: 1. 讲义、教案、多媒体课件、图片等; 2. 施工案例、规范规程、施工手册等	对学生基础要求: 1. 能进行熟练的工作交流与沟通; 2. 能陈述设备的工作原理; 3. 能正确使用各种相关工具仪表等; 4. 能快速分析故障原因; 5. 自觉遵守信号工工作规范与劳动纪律; 6. 自觉遵守安全作业要求
学习情境 5:计算机联锁	参考学时:20
学习目标: 1. 理解计算机联锁综述(概念、发展、功能、优越性、主要技术特点); 2. 掌握计算机联锁基本原理(硬件系统、软件系统、可靠性和安全性保障、结合电路、联锁系统操作和演示); 3. 掌握双机热备计算机联锁系统; 4. 掌握三取二和二乘二取二计算机联锁系统	
学习内容: 1. 计算机联锁综述(概念、发展、功能、优越性、主要技术特点); 2. 计算机联锁基本原理(硬件系统、软件系统、可靠性和安全性保障、结合电路、联锁系统操作和演示); 3. 双机热备计算机联锁系统; 4. 三取二和二乘二取二计算机联锁系统	
教学资源: 1. 讲义、教案、多媒体课件、图片等; 2. 施工案例、规范规程、施工手册等	对学生基础要求: 1. 能进行熟练的工作交流与沟通; 2. 能陈述设备工作原理; 3. 能正确使用各种相关工具仪表等; 4. 能快速分析故障原因; 5. 自觉遵守信号工工作规范与劳动纪律; 6. 自觉遵守安全作业要求

六、课程实施建议

(一)教材及参考资源建议

1. 教材

王永信．车站信号自动控制[M]．北京:中国铁道出版社,2002.

2. 参考书

徐洪泽．车站信号自动控制[M]．北京:中国铁道出版社,2012.

(二)师资条件建议

(1)专任教师:具有高校教师资格证,具有车站信号自动控制管理岗位工作经历,精通车站信号自动控制相关专业知识和熟练操作车站信号自动控制相关系统和设备专业能力,具有较强的教科研能力。

(2)兼职教师:具有2年以上车站信号自动控制管理及相关岗位工作经历,有丰富的实际工作经验;具有中级以上专业技术职务或在职业技能竞赛中获得过奖励;具有较强的教学组织能力。

(三)实验实训条件建议

本课程对实验实训条件的要求如表4所示。

实验实训条件配置建议 表4

实训室名称	主要设备名称	主要实训项目
车站信号自动控制实训室	1. 继电组合设备; 2. 双机热备系统; 3. 三取二系统; 4. 二乘二取二系统; 5. 轨道交通相关室外设备	1. 选择组电路动作程序; 2. 执行组电路动作程序; 3. 计算机联锁系统

(四)教学方法建议

针对具体的教学内容和教学过程,总体采用项目教学法。在具体教学过程中,采用任务引导法、案例法、小组协作学习法等多种方法组织教学,以学生为中心,“做中学、学中做”,让学生人人参与,培养学生的团队协作能力和实践动手能力。

(五)教学评价建议

本课程采用过程考核、综合考核等多元性评价,其中过程考核包括学习态度、课程作业,占课程总成绩的40%;综合考核包括期末考试等,占课程总成绩的60%,全面综合评价学生能力。课程考核要求如表5所示。

课 程 考 核 表　　表 5

<table>
<tr><td colspan="2" rowspan="2">考核项目</td><td rowspan="2">考核方式</td><td colspan="2">比　例</td></tr>
<tr><td>分项</td><td>总体</td></tr>
<tr><td rowspan="2">过程考核</td><td>学习态度</td><td>根据课堂教学参与情况，课堂回答问题、出勤情况，由教师综合评定学生的学习态度得分</td><td>50%</td><td rowspan="2">40%</td></tr>
<tr><td>课程作业</td><td>根据学生完成课后作业、任务工单的情况由教师来评定成绩</td><td>50%</td></tr>
<tr><td colspan="2">综合考核</td><td>结合期末考试、实践考核等综合评定学生成绩</td><td>100%</td><td>60%</td></tr>
<tr><td colspan="4">合计</td><td>100%</td></tr>
</table>

（课程标准制订人：王小龙）

附件 4：《列车自动控制系统》课程标准

一、课程定位

本课程定位如表 1 所示。

课 程 定 位 表　　表 1

课程名称及编号	列车自动控制系统，522015
开设学期及学时	第 5 学期，共计 72 学时
课程类型	专业核心学习领域
先导课程	现场总线控制网络技术、轨道交通电源设备
平行课程	列车信号自动控制、综合布线
后续课程	信号工程设计与施工、区间信号与设备、城市轨道交通信息技术

二、课程性质

本课程是城市轨道交通控制专业的专业核心课程，其目标是使学生掌握城市轨道交通列车运行控制的设备原理和技术方法，掌握列车自动控制（ATC）系统在城市轨道交通系统中的作用，掌握 ATC 系统的组成、功能、实现方式；通过对不同的列车自动防护（ATP）子系统的信息内容、编码、传输方式的分析，使学生掌握我国城市轨道交通列车自动控制系统的发展和工作原理，了解列车自动驾驶（ATO）系统的工作原理，了解列车自动监控系统的功能运行，掌握基于通信的列车控制系统的结构组成和功能特点，了解非正常情况下列车运行模式。通过理论学习和列车自动运行计算机仿真系统的训练，使学生对城市轨道交通列车自动控制系统有一个比较完整的认识。

三、课程设计思路

本课程立足于职业能力培养，按照高职教育的职业性、实践性和开放性要求重构课程体系,以“岗学融通,工学结合,工作任务驱动”的理念进行课程设计。以应用为主旨,以强化学生对理论知识的理解为主线,知识点随着学习项目的推进不断深化,使学生在完成任务的同时掌握知识和技能,确保岗位所需专业技能的同时,又坚固原有知识体系的相对完整性,有效地达到对列车自动控制系统知识的建构。

四、课程目标

(一)知识目标

(1)具备熟练掌握城市轨道交通列车自动控制系统的管理操作能力;

(2)具备对城市轨道交通列车自动控制系统的故障分析处理能力;

(3)能独立完成教学基本要求项目试验的能力;

(4)培养学生综合运用列车自动控制技术的实践能力;

(5)培养学生的独立思考能力和对实际问题的理解能力。

(二)能力目标

(1)掌握列车自动控制(ATC)系统在城市轨道交通系统中的作用;

(2)掌握 ATC 系统的主要子系统的组成、功能和实现方式;

(3)明确 ATS 子系统中车地信息交换(TWC)的方式及工作原理;

(4)通过对不同的列车自动防护(ATP)子系统的信息内容、编码、传输方式的分析,使学生掌握我国城市轨道交通列车自动控制系统的发展和工作原理;

(5)掌握车站程序定位停车的工作原理、定位停车点的信息传输方式和信息内容;

(6)掌握车载 ATC 系统的结构、列车自动运行的原理、ATO 子系统的主要功能;

(7)掌握基于通信的列车控制(CBTC)系统的主要结构和工作原理;

(8)了解移动闭塞的发展趋势和非正常情况下列车运行的后备模式。

(三)素质目标

(1)培养学生的可持续发展的能力;

(2)培养学生团队合作能力,以及吃苦耐劳、诚实守信的优秀品质;

(3)培养学生严谨求实的工作态度,以及爱岗敬业、对待工作和学习一丝不苟、精益求精的精神;

(4)注重遵章守纪、积极思考、耐心、细致、勇于实践、竞争意识等职业素质的养成;

(5)具有较强的事业心和责任感,具有良好的心理素质和身体素质;

(6)具有理论联系实际的良好学风,具有发现问题、分析问题和解决问题的能力。

五、课程内容与学习目标

(一)课程内容结构安排

本课程分为列车运行控制系统认知等 9 个学习情境、城市轨道交通行业认知等 32 个工作任务,具体见表 2。

课程内容结构安排一览表 表2

序号	学习情境	工作任务	参考学时
1	列车运行控制系统认知	城市轨道交通行业认知	2
		列车运行控制系统认知	2
2	列车运行相关的设备应用与维护	信号	2
		轨道电路	2
		计轴器	2
		查询应答器	2
		展台安全门系统	2
		联锁设备	3
3	列车运行控制的技术与方法	测速技术、列车定位技术	2
		无线通信技术	2
		闭塞方式	2
		速度控制模式	3
4	列车自动控制(ATC)系统	ATC 系统综述	2
		ATC 分类	2
		ATC 系统的选用原则、控制模式	3
5	列车自动防护(ATP)系统	ATP 的基本概念	2
		ATP 的设备	2
		ATP 的功能及其技术要求	3
6	列车自动驾驶(ATO)系统	ATO 的基本概念和设备组成	2
		ATO 驾驶模式与模式转换	2
		ATO 的功能及其工作原理	3
7	列车自动监控(ATS)系统	ATS 的基本概念和组成	2
		ATS 系统的主要功能	2
		ATS 系统的基本原理	2
		ATS 系统的运行	3
8	基于通信的列车控制(CBTC)系统	CBTC 系统简介	2
		CBTC 系统的结构与组成	2
		CBTC 系统的功能	2
		CBTC 系统的特点	3
9	非正常情况下列车运行	列车运行控制系统的后备模式	2
		ATS 非正常情况下的后备模式	2
		列车运行控制系统故障时的行车组织	3
合计			72

(二)课程内容要求(表3)

课程内容要求 表3

<table>
<tr><td>学习情境1:列车运行控制系统认知</td><td>学时:4</td></tr>
<tr><td colspan="2">学习目标:
1. 了解人类历史上城市与城市交通所经历的过程;
2. 熟悉城市轨道交通的发展史和对城市公共交通的影响;
3. 初步认识列车运行控制系统在城市轨道交通中的重要作用;
4. 了解该系统在国内外的发展过程,以及城市轨道交通列车运行控制系统的发展方向</td></tr>
<tr><td colspan="2">学习内容:
1. 历史上城市与城市交通所经历的过程;
2. 城市轨道交通的发展史和对城市公共交通的影响;
3. 列车运行控制系统在城市轨道交通中的重要作用;
4. 城市轨道交通列车运行控制系统的发展方向</td></tr>
<tr><td>教学资源:
讲义、教案、多媒体课件、实训指导书、任务工单、系统仿真软件、图片、模型、FLASH 动画、规程等
企业资源:
系统维修案例、维修技术标准、操作规程、技术手册等</td><td>对学生基础要求:
1. 通过查阅资料、文献,培养自学能力和获取信息能力;
2. 通过情境化任务单元活动,具备解决实际问题的能力;
3. 填写任务工单,制订工作计划,培养工作方法能力;
4. 能独立使用各种资源完成学习任务</td></tr>
<tr><td>学习情境2:与列车运行相关的设备</td><td>学时:13</td></tr>
<tr><td colspan="2">学习目标:
1. 了解与列车运行相关的信号设备种类;
2. 掌握城市轨道交通信号、轨道电路、计轴器、查询应答器和站台安全门的结构、功能和基本原理;
3. 掌握联锁和联锁设备的定义、功能及其在列车运行过程中的作用;
4. 熟悉每种基础设备与列车运行的关系,能够熟知每种设备在列车运行中的作用</td></tr>
<tr><td colspan="2">学习内容:
1. 列车运行相关信号设备;
2. 交通信号、轨道电路、计轴器、查询应答器和站台安全门;
3. 联锁和联锁设备;
4. 设备与列车运行的关系及作用</td></tr>
<tr><td>教学资源:
讲义、教案、多媒体课件、实训指导书、任务工单、系统仿真软件、图片、模型、FLASH 动画、规程等
企业资源:
系统维修案例、维修技术标准、操作规程、技术手册等</td><td>对学生基础要求:
1. 通过查阅资料、文献,培养自学能力和获取信息能力;
2. 通过情境化任务单元活动,具备解决实际问题的能力;
3. 填写任务工单,制订工作计划,培养工作方法能力;
4. 能独立使用各种资源完成学习任务</td></tr>
</table>

续上表

<table>
<tr><td>学习情境 3:列车运行控制的技术与方法</td><td>学时:9</td></tr>
<tr><td colspan="2">学习目标:
1. 了解列车运行控制系统中主要采用的技术手段;
2. 掌握列车运行中当前使用的测速发电机、轮脉冲速度传感器、多普勒雷达测试原理和适用范围;
3. 掌握城市轨道交通中闭塞技术的概念和分类,以及现在常用的闭塞方式对列车运行的影响;
4. 掌握速度控制模式的种类、不同模式下对列车运行的控制过程,了解各种模式的优缺点;
5. 了解轨道交通中用到的各种定位技术的工作原理和优缺点,熟悉城市轨道交通常用的定位技术的定位原理和工作过程;
6. 了解城市轨道交通中无线通信技术的种类和工作原理,熟悉各种无线通信技术在列车运行控制系统中的应用</td></tr>
<tr><td colspan="2">学习内容:
1. 列车运行控制系统技术手段;
2. 测速发电机、轮脉冲速度传感器、多普勒雷达测试;
3. 闭塞技术;
4. 速度控制模式;
5. 定位技术;
6. 无线通信技术</td></tr>
<tr><td>教学资源:
讲义、教案、多媒体课件、实训指导书、任务工单、系统仿真软件、图片、模型、FLASH 动画、规程等
企业资源:
系统维修案例、维修技术标准、操作规程、技术手册等</td><td>对学生基础要求:
1. 通过查阅资料、文献,培养自学能力和获取信息能力;
2. 通过情境化任务单元活动,掌握解决实际问题的能力;
3. 填写任务工单,制订工作计划,培养工作方法能力;
4. 能独立使用各种资源完成学习任务</td></tr>
<tr><td>学习情境 4:列车自动控制系统</td><td>学时:7</td></tr>
<tr><td colspan="2">学习目标:
1. 了解列车自动控制系统 ATC 的历史沿革;
2. 掌握列车自动控制系统 ATC 的组成、功能、分类和选用原则,并做到能使 ATC 的类型与城市轨道交通的运输需求相一致;
3. 掌握列车自动控制系统 ATC 的控制模式</td></tr>
<tr><td colspan="2">学习内容:
1. 列车自动控制系统 ATC 的历史沿革;
2. ATC 的组成、功能、分类和选用;
3. ATC 的控制模式</td></tr>
<tr><td>教学资源:
讲义、教案、多媒体课件、实训指导书、任务工单、系统仿真软件、图片、模型、FLASH 动画、规程等
企业资源:
系统维修案例、维修技术标准、操作规程、技术手册等</td><td>对学生基础要求:
1. 通过查阅资料、文献,培养自学能力和获取信息能力;
2. 通过情境化任务单元活动,掌握解决实际问题的能力;
3. 填写任务工单,制订工作计划,培养工作方法能力;
4. 能独立使用各种资源完成学习任务</td></tr>
</table>

续上表

<table>
<tr><td>学习情境5:列车自动防护系统</td><td>学时:7</td></tr>
<tr><td colspan="2">学习目标:
1.了解列车自动防护系统的基本概念;
2.熟悉列车自动防护系统中设备和设备的基本功能;
3.掌握列车自动防护系统的功能和工作原理;
4.掌握城市轨道交通中队列车自动防护系统的基本技术要求</td></tr>
<tr><td colspan="2">学习内容:
1.列车自动防护系统;
2.列车自动防护系统中的设备;
3.列车自动防护系统的功能和原理;
4.列车自动防护系统的基本技术要求</td></tr>
<tr><td>教学资源:
讲义、教案、多媒体课件、实训指导书、任务工单、系统仿真软件、图片、模型、FLASH动画、规程等
企业资源:
系统维修案例、维修技术标准、操作规程、技术手册等</td><td>对学生基础要求:
1.通过查阅资料、文献,培养自学能力和获取信息能力;
2.通过情境化任务单元活动,掌握解决实际问题的能力;
3.填写任务工单,制订工作计划,培养工作方法能力;
4.能独立使用各种资源完成学习任务</td></tr>
<tr><td>学习情境6:列车自动驾驶系统</td><td>学时:7</td></tr>
<tr><td colspan="2">学习目标:
1.了解列车自动驾驶系统ATO的基本概念;
2.掌握列车自动驾驶系统ATO中设备和设备的基本功能;
3.掌握列车自动驾驶系统ATO的功能和工作原理;
4.掌握城市轨道交通中对列车自动驾驶系统ATO的基本技术要求;
5.熟悉ATO与ATP之间的关系</td></tr>
<tr><td colspan="2">学习内容:
1.列车自动驾驶系统ATO;
2.ATO设备的基本功能;
3.ATO的功能和原理;
4.ATO的技术要求;
5.ATO与ATP之间的关系</td></tr>
<tr><td>教学资源:
讲义、教案、多媒体课件、实训指导书、任务工单、系统仿真软件、图片、模型、FLASH动画、规程等
企业资源:
系统维修案例、维修技术标准、操作规程、技术手册等</td><td>对学生基础要求:
1.通过查阅资料、文献,培养自学能力和获取信息能力;
2.通过情境化任务单元活动,掌握解决实际问题的能力;
3.填写任务工单,制订工作计划,培养工作方法能力;
4.能独立使用各种资源完成学习任务</td></tr>
</table>

续上表

<table>
<tr><td>学习情境7:列车自动监控系统</td><td>学时:9</td></tr>
<tr><td colspan="2">学习目标:
1. 了解列车自动监控系统ATS的基本概念;
2. 掌握列车自动监控系统ATS的组成及各部分的基本功能;
3. 掌握列车自动监控系统ATS在列车运行控制过程中的功能;
4. 理解列车自动监控系统ATS的基本工作原理;
5. 掌握列车自动监控系统ATS在不同状态下的运行情况</td></tr>
<tr><td colspan="2">学习内容:
1. 列车自动监控系统(ATS)的概念;
2. ATS的基本功能;
3. ATS在列车运行控制过程中的功能;
4. ATS的基本原理;
5. ATS在不同状态下的运行情况</td></tr>
<tr><td>教学资源:
讲义、教案、多媒体课件、实训指导书、任务工单、系统仿真软件、图片、模型、FLASH动画等
企业资源:
系统维修案例、维修技术标准、操作规程、技术手册等</td><td>对学生基础要求:
1. 通过查阅资料、文献,培养自学能力和获取信息能力;
2. 通过情境化任务单元活动,掌握解决实际问题的能力;
3. 填写任务工单,制订工作计划,培养工作方法能力;
4. 能独立使用各种资源完成学习任务</td></tr>
<tr><td>学习情境8:基于通信的列车控制系统</td><td>学时:9</td></tr>
<tr><td colspan="2">学习目标:
1. 掌握CBTC系统的定义,了解CBTC系统的优点;
2. 了解CBTC系统的各种分类方式;
3. 掌握CBTC系统的组成和各部分的功能;
4. 掌握CBTC系统的基本功能和具体功能;
5. 了解CBTC系统的基本原理和特点</td></tr>
<tr><td colspan="2">学习内容:
1. CBTC系统;
2. CBTC系统分类;
3. CBTC系统组成功能;
4. CBTC系统功能;
5. CBTC系统原理和特点</td></tr>
<tr><td>教学资源:
讲义、教案、多媒体课件、实训指导书、任务工单、系统仿真软件、图片、模型、FLASH动画等
企业资源:
系统维修案例、维修技术标准、操作规程、技术手册等</td><td>对学生基础要求:
1. 通过查阅资料、文献,培养自学能力和获取信息能力;
2. 通过情境化任务单元活动,掌握解决实际问题的能力;
3. 填写任务工单,制订工作计划,培养工作方法能力;
4. 能独立使用各和资源完成学习任务</td></tr>
</table>

续上表

学习情境9:非正常情况下列车运行	学时:7
学习目标: 1. 了解列车运行控制系统后备模式的必要性; 2. 掌握后备系统的定义和功能; 3. 了解常用的后备系统方案; 4. 掌握 ATS 非正常情况下的后备模式的应用; 5. 掌握 ATS、ATO、ATP 设备遇到故障时的行车组织工作	
学习内容: 1. 列车运行控制系统后备模式; 2. 后备系统的定义和功能; 3. 常用的后备系统方案; 4. ATS 非正常情况下的后备模式的应用; 5. ATS、ATO、ATP 设备遇到故障时的行车组织工作	
教学资源: 讲义、教案、多媒体课件、实训指导书、任务工单、系统仿真软件、图片、模型、FLASH 动画等 企业资源: 系统维修案例、维修技术标准、操作规程、技术手册等	对学生基础要求: 1. 通过查阅资料、文献,培养自学能力和获取信息能力; 2. 通过情境化任务单元活动,掌握解决实际问题的能力; 3. 填写任务工单,制订工作计划,培养工作方法能力; 4. 能独立使用各种资源完成学习任务

六、课程实施建议

(一)教材及参考资源建议

现有的列车自动控制系统教材内容过于抽象、过难、容量较大,且与专业联系不紧密,所要求的课时量很大,根据城市轨道交通控制专业的就业岗位分析本专业学生需掌握的知识及具备的能力,将教学内容进行设计整合,降低教材难度,将理论和实践紧密联系,以求在有限的课时内,为学生提供合理的教学内容,满足专业需求,使其能够真正服务于专业,服务于学生,满足学生对专业知识的需求,为学生的未来发展做好准备。教材的选用可以为教学提供参考,本课程应致力于编写适合项目驱动的特色教材。

1. 目前采用的教材

[1]贾文婷. 城市轨道交通列车运行控制[M]. 北京:北京交通大学出版社,2012.

[2]徐金祥. 城市轨道交通列车运行自动控制技术[M]. 北京:中国铁道出版社,2013.

2. 参考书

[1]林瑜筠. 城市轨道交通信号[M]. 北京:中国铁道出版社,2007.

[2]刘晓娟,张雁鹏,汤自安. 城市轨道交通智能控制系统[M]. 北京:中国铁道出版

社,2008.

[3]曾小清,王长林,张树京. 基于通信的轨道交通运行控制[M]. 上海:同济大学出版社,2007.

[4]贾甄杰. 城市轨道交通通信与信号[M]. 北京:机械工业出版社,2011.

[5]牛凯兰,牛红霞. 城市轨道交通行车组织[M]. 北京:机械工作出版社,2010.

(二)师资条件建议

(1)专任教师:具有高校教师资格证,具有公路建设施工管理岗位工作经历,精通公路工程施工相关的基本理论与专业知识,具有较强的教科研能力。

(2)兼职教师:具有5年以上公路建设施工管理及相关岗位工作经历,有丰富的实际工作经验;具有中级以上专业技术职务或在职业技能竞赛中获得奖励;具有较强的教学组织能力。

(三)实验实训条件建议

本课程对实验实训条件的要求如表4所示。

实验实训条件配置建议　　表4

实训室名称	主要设备名称	主要实训项目
城市轨道交通实训室	1. 城市轨道交通列车自动运行模拟沙盘; 2. 信号设备、轨道电路、计轴器、查询应答器、站台安全门系统、联锁设备等	1. 城市轨道交通发展及现状; 2. 列车运行控制技术及其设备
计算机仿真实训室	城市轨道交通列车自动运行计算机仿真系统	列车自动控制系统、防护系统、驾驶系统、监控系统,以及基于通信的列车控制系统

(四)教学方法建议

针对具体的教学内容和教学过程,总体采用项目教学法。在具体教学过程中,采用任务引导法、案例法、小组协作学习法等多种方法组织教学,以学生为中心,“做中学、学中做”,让学生人人参与,培养学生的团队协作能力和实践动手能力。

(五)教学评价建议

进行课程教学考核与评价,可以考查学生对课程基础知识和基本技能的掌握情况,以及是否具备运用基本理论和方法发现问题、分析问题、解决问题的技能,从而可以检查教学效果,改进教学工作,提高教学质量。

课程整体成绩有课程过程性考核成绩、综合实践作品考核成绩和理论知识考核成绩三部分组成,其中课程过程性考核成绩占课程整体成绩的50% ,综合实践作品考核成绩占20% ,理论知识考核成绩占课程整体成绩的30% 。课程考核要求如表5所示。

课 程 考 核 表 表5

考核项目		考核方式	比例	
			分项	总体
过程考核	学习态度	根据课堂教学参与情况，课堂回答问题、出勤情况，由教师综合评定学生的学习态度得分	50%	40%
	课程作业	根据学生完成课后作业、任务工单的情况由教师来评定成绩	50%	
综合考核		结合期末考试、实践考核等综合评定学生成绩	100%	60%
合计				100%

（课程标准制订人：徐杰）

附件5：《信号工程设计与施工》课程标准

一、课程定位

本课程定位如表1所示。

课 程 定 位 表 表1

课程名称及编号	信号工程设计与施工，522017
开设学期及学时	第5学期，共计70学时
课程类型	专业核心学习领域
先导课程	车站信号自动控制、列车自动控制系统
平行课程	传感器应用原理、城市轨道交通信息技术、区间信号设备
后续课程	毕业顶岗实习

二、课程性质

本课程是城市轨道交通控制专业的专业核心课程，其目标是使学生掌握铁路信号工程设计和施工的能力，使学生具备一般设计、较强施工安装技能人员所必需的专业知识及相关的职业能力。通过学习，学生应达到信号工任职资格相应的知识与技能要求。

三、课程设计思路

本课程以车站信号设备组合、安装工作任务和对继电联锁、信号机、道岔、轨道电路以及区间信号设备、计算机联锁设备故障分析为依据确定课程目标，并设计课程内容，以现场施工工作和车站设备故障处理任务为线索构建任务引领型课程。本课程的具体设计是以信号设备系统种类和组成为课程主线，按照学生的认知特点，通过多媒体课件、现场教学等教学手段，使学生了解设计与施工的工作原理及特点，培养学生具备进一步学习城市轨道交通控制专业课程的兴趣。通过对应知应会标准的鉴定检验，促进学生课程能力和职业实践能力的培养。教师在教学实施过程中，还应注意学生综合能力的培养，构建学生知识、技能、素质集成的综合能力培养思路，以培养符合社会实际需要的技术技能型人才。

四、课程目标

(一)知识目标

(1)掌握从事城市轨道交通控制专业技术工作所需要的联锁、闭塞等专业学科知识;
(2)掌握继电集中联锁、计算机联锁的设计标准、设计方法;
(3)掌握自动闭塞工程的设计标准、设计方法;
(4)掌握计算机辅助设计信号工程图纸的方法。

(二)能力目标

(1)能够进行铁路信号工程常用图纸的设计,具有从事小型铁路信号工程的设计能力;

(2)能够完成各种信号设备的施工安装,掌握信号设备的安装、调试和电路导通试验的方法、步骤;

(3)具有熟练操作和使用各种测试仪器、仪表测试信号设备,并按照技术标准调试信号设备的能力,以及分析、处理各种信号设备常见故障的能力;

(4)具有从事铁路信号专业的技术、生产、安全等工作的管理能力。

(三)素质目标

(1)培养学生的可持续发展的能力;
(2)培养学生与人合作的能力;
(3)通过本课程的学习,加强学生踏实、严谨的职业素质的培养;
(4)注重遵章守纪、积极思考、耐心、细致、勇于实践、竞争意识等职业素质的养成。

五、课程内容与学习目标

(一)课程内容结构安排

本课程分为初步设计等6个学习情境、选择和确定设计方案等12个工作任务,具体见表2。

课程内容结构安排一览表 表2

序　　号	学习情境	工作任务	参考学时
1	初步设计	选择和确定设计方案	4
		设计任务书和设计原则	4
2	继电集中联锁施工设计	网状电路图的设计	6
		电路设计	6
3	计算机联锁工程设计	室内信号设备布置	6
		电路图与配线图标设计	6
4	自动闭塞工程设计	区间信号平面图设计及设备布置	6
		电路图与配线图标设计	6

续上表

序号	学习情境	工作任务	参考学时
5	室内设备的安装及试验	室内设备的导通和配线	6
		模拟电路和试验送电	6
6	室外设备的施工安装	信号电缆工程和信号机、转辙机安装	6
		轨道电路施工	8
合计			70

(二)课程内容要求(表3)

课程内容要求 表3

<table>
<tr><td colspan="2">学习情境1:初步设计</td><td>参考学时:8</td></tr>
<tr><td colspan="3">学习目标:
1. 理解信号设计与施工;
2. 掌握车站信号平面布置图设计;
3. 掌握车站电缆径路图设计</td></tr>
<tr><td colspan="3">学习内容:
1. 初步设计的任务;
2. 勘测调查;
3. 车站信号平面布置图设计;
4. 电缆径路图设计</td></tr>
<tr><td>教学资源:
1. 讲义、教案、多媒体课件、实训指导书、任务工单、系统仿真软件、图片、模型、FLASH 动画等;
2. 系统维修案例、维修技术标准、操作规程、技术手册等</td><td colspan="2">对学生基础要求:
1. 具备一般制图和识图能力;
2. 熟悉计算机辅助设计工具</td></tr>
<tr><td colspan="2">学习情境2:继电集中联锁施工设计</td><td>参考学时:12</td></tr>
<tr><td colspan="3">学习目标:
1. 掌握各种布置图设计;
2. 掌握电路设计</td></tr>
<tr><td colspan="3">学习内容:
1. 控制台盘面布置图设计;
2. 楼内设备平面布置图设计;
3. 组合连接图设计;
4. 组合排列表设计;
5. 网状电路图设计;
6. 站内电码化电路设计;
7. 联系电路设计;
8. 报警电路设计</td></tr>
</table>

续上表

<table>
<tr><td>学习情境 2:继电集中联锁施工设计</td><td>参考学时:12</td></tr>
<tr><td>教学资源:
1. 讲义、教案、多媒体课件、实训指导书、任务工单、系统仿真软件、图片、模型、FLASH 动画等;
2. 系统维修案例、维修技术标准、操作规程、技术手册等</td><td>对学生基础要求:
1. 具有电工、电子常用知识;
2. 认识电路图图标</td></tr>
<tr><td>学习情境 3:计算机联锁工程设计</td><td>参考学时:12</td></tr>
<tr><td colspan="2">学习目标:
1. 掌握信号基础设备组成;
2. 掌握信号基础设备工作原理</td></tr>
<tr><td colspan="2">学习内容:
1. 计算机联锁工程设计总数;
2. 室内信号设备布置;
3. 电路图设计;
4. 配线图标设计</td></tr>
<tr><td>教学资源:
1. 讲义、教案、多媒体课件、实训指导书、任务工单、系统仿真软件、图片、模型、FLASH 动画等;
2. 系统维修案例、维修技术标准、操作规程、技术手册等</td><td>对学生基础要求:
1. 具有电工、电子常用知识;
2. 能看懂电路图</td></tr>
<tr><td>学习情境 4:自动闭塞工程设计</td><td>参考学时:12</td></tr>
<tr><td colspan="2">学习目标:
1. 掌握区间闭塞设备的组成;
2. 掌握区间闭塞设备的工作原理</td></tr>
<tr><td colspan="2">学习内容:
1. 区间信号平面布置图设计;
2. 室内闭塞设备布置;
3. 电路图设计;
4. 配线图标设计</td></tr>
<tr><td>教学资源:
1. 讲义、教案、多媒体课件、实训指导书、任务工单、系统仿真软件、图片、模型、FLASH 动画等;
2. 系统维修案例、维修技术标准、操作规程、技术手册等</td><td>对学生基础要求:
1. 具有电工、电子常用知识;
2. 能使用各种仪器、仪表</td></tr>
<tr><td>学习情境 5:室内设备的安装及试验</td><td>参考学时:12</td></tr>
<tr><td colspan="2">学习目标:
1. 认识室内设备;
2. 安装室内设备;
3. 掌握设备试验</td></tr>
</table>

续上表

<table>
<tr><td>学习情境5:室内设备的安装及试验</td><td>参考学时:12</td></tr>
<tr><td colspan="2">学习内容:
1. 室内设备的导通和安装;
2. 室内设备的配线;
3. 模拟电路和试验送电;
4. 联锁试验</td></tr>
<tr><td>教学资源:
1. 讲义、教案、多媒体课件、实训指导书、任务工单、系统仿真软件、图片、模型、FLASH动画等;
2. 系统维修案例、维修技术标准、操作规程、技术手册等</td><td>对学生基础要求:
1. 具有电工、电子常用知识;
2. 能使用各种仪器、仪表</td></tr>
<tr><td>学习情境6:室外设备的施工安装</td><td>参考学时:14</td></tr>
<tr><td colspan="2">学习目标:
1. 掌握电缆敷设、接续;
2. 掌握信号机、转辙机、轨道电路的安装;
3. 掌握轨道电路施工</td></tr>
<tr><td colspan="2">学习内容:
1. 信号电缆工程;
2. 信号机的安装;
3. 转辙机的安装;
4. 轨道电路施工</td></tr>
<tr><td>教学资源:
1. 讲义、教案、多媒体课件、实训指导书、任务工单、系统仿真软件、图片、模型、FLASH动画等;
2. 系统维修案例、维修技术标准、操作规程、技术手册等</td><td>对学生基础要求:
1. 具有电工、电子常用知识;
2. 能使用各种仪器、仪表</td></tr>
</table>

六、课程实施建议

(一)教材及参考资源建议

1. 教材

[1]阮振铎. 铁路信号设计与施工[M]. 北京:中国铁道出版社,2008.

[2]穆中华. 信号工程施工[M]. 北京:化学工业出版社,2014.

2. 参考书

[1]安伟光. 车站信号工程施工[M]. 北京:中国铁道出版社,2010.

[2]陈宝军. 图解铁路通信与信号工程施工安全[M]. 北京:中国铁道出版社,2013.

[3]中华人民共和国行业标准. TB 10007—2006 铁路信号设计规范[S]. 北京:中国铁道出版社,2006.

[4]中华人民共和国行业标准. TB 10206—1999 铁路信号施工规范[S]. 北京:中国铁道出版社,1999.

（二）师资条件建议

（1）专任教师：具有高校教师资格证，具有城市轨道交通控制岗位工作经历，精通城市轨道交通控制工程施工相关的基本理论与专业知识，具有较强的教科研能力。

（2）兼职教师：具有2年以上城市轨道交通控制工程施工管理及相关岗位工作经历，有丰富的实际工作经验，具有中级以上专业技术职务或在职业技能竞赛中获得过奖励，具有较强的教学组织能力。

（三）实验实训条件建议

本课程对实验实训条件的要求如表4所示。

实验实训条件配置建议 表4

实训室名称	主要设备名称	主要实训项目
信号设备实训室	1. 信号设备； 2. 各种工具	1. 电缆配线的导通和试验； 2. 信号点灯电路故障分析与处理

（四）教学方法建议

针对具体的教学内容和教学过程，总体采用项目教学法。在具体教学过程中，采用任务引导法、案例法、小组协作学习法等多种方法组织教学，以学生为中心，“做中学、学中做”，让学生人人参与，培养学生的团队协作能力和实践动手能力。

（五）教学评价建议

本课程采用过程考核、综合考核等多元性评价，其中过程考核包括学习态度、课程作业，占课程总成绩的40%；综合考核包括期末考试等，占课程总成绩的60%，全面综合评价学生能力。本课程教学评价建议如表5所示。

课程考核表 表5

考核项目		考核方式	比例	
			分项	总体
过程考核	学习态度	根据课堂教学参与情况，课堂回答问题、出勤情况，由教师综合评定学生的学习态度得分	50%	40%
	课程作业	根据学生完成课后作业、任务工单的情况由教师来评定成绩	50%	
综合考核		结合期末考试、实践考核等综合评定学生成绩	100%	60%
合计				100%

（课程标准制订人：彭斌）

附件6：《区间信号设备》课程标准

一、课程定位

本课程定位如表1所示。

课程定位表 表1

课程名称及编号	区间信号设备,522014
开设学期及学时	第5学期,共计70学时
课程类型	专业核心学习领域
先导课程	列车自动控制系统、车站信号自动控制、综合布线
平行课程	信号工程设计与施工、城市轨道交通信息技术
后续课程	毕业顶岗实习

二、课程性质

本课程是城市轨道交通控制专业的专业核心课程,其目标是使学生掌握我国城市轨道交通中单线现行运用的64D型半自动闭塞设备、双线广泛使用的ZPW-2000A和UM71无绝缘移频自动闭塞设备的工作原理,以及设备的操作、调试和检测。通过本课程的学习,使学生对城轨铁路区间信号设备有基本认识,并具有初步对设备的操作使用、维护检测以及施工调试能力。

三、课程设计思路

本课程立足于职业能力培养,使学生了解铁路区间信号设备的工作原理,掌握区间信号设备的操作使用和管理设置能力。在学习过程中,注重培养学生遵守信号工的相关制度、安全作业等职业习惯,并培养他们的责任意识、任务意识和协作意识等职业素养。教学中,根据合作企业的典型系统集成工程,设计学习任务,并以学习任务为知识的载体,实施"教、学、做"一体的教学模式,将信号工认证考试的相关知识和技能融入教学过程,将课程考核与职业技能鉴定挂钩。

四、课程目标

(一)知识目标

(1)掌握区间信号控制各设备功能,包括64D设备、UM71系统和ZPW-2000A系统的工作原理;
(2)掌握64D设备、UM71系统和ZPW-2000A系统的操作方法;
(3)掌握64D设备、UM71系统和ZPW-2000A系统安装与施工方法;
(4)掌握对区间信号各种设备的检测、调试和维护等操作方法。

(二)能力目标

(1)具有熟练使用区间信号控制设备的能力;
(2)具有对区间信号控制各种设备故障进行处理的能力;
(3)培养学生综合运用区间信号控制技术的能力;
(4)培养学生的操作、检测、调试和维护动手能力。

(三)素质目标

(1)培养学生的可持续发展的能力;

(2)培养学生与人交流和沟通的能力;

(3)培养学生与人合作的能力;

(4)注重遵章守纪、积极思考、耐心、细致、勇于实践、安全生产等职业素质的养成。

五、课程内容与学习目标

(一)学习情境划分及设计

本课程分为继电式区间设备的操作使用等5个学习情境、64D继电半自动闭塞的操作等10个工作任务,具体见表2。

课程内容结构安排一览表 表2

序号	学习情境	工作任务	参考学时
1	继电式区间设备的操作使用	64D继电半自动闭塞的操作	6
		64D继电设备的故障检测	8
2	集成电路区间设备的安装与调试	UM系列轨道电路设备的安装	6
		UM系列轨道电路设备的调试	8
3	集成电路区间设备的操作与维护	UM系列轨道电路设备的操作	8
		UM系列轨道电路设备的维护	6
4	微处理器区间设备的安装与调试	ZPW-2000A室内外设备安装	6
		ZPW-2000A室内外设备调试	8
5	微处理器区间设备的操作与维护	ZPW-2000A室内外设备操作	8
		ZPW-2000A室内外设备维护	6
合计			70

(二)课程内容要求(表3)

课程内容要求 表3

学习情境1:继电式区间设备的操作使用	参考学时:14
学习目标: 1.了解继电器构成的64D设备系统; 2.掌握正常办理、取消复原办理、事故复原办理的操作方法; 3.了解继电器电路分析、闭塞继电器电路分析、轨道继电器电路; 4.掌握排除64D系统继电器电路处理故障方法; 5.掌握按照工作规范和相关标准的操作	
学习内容: 1.半自动闭塞的概念、作用、技术条件和操作使用;正常办理、取消复原办理、事故复原办理的操作方法;电路动作程序分析; 2.继电器电路分析,闭塞继电器电路分析,轨道继电器电路,表示灯电路及接点作用分析;64D系统知识、电路连接图、电路动作规律、继电器电路处理故障方法	

续上表

<table>
<tr><td>学习情境1:继电式区间设备的操作使用</td><td>参考学时:14</td></tr>
<tr><td>教学资源:
继电式区间设备的讲义或教案、多媒体课件、实训指导书、任务工单、系统仿真软件、模型沙盘等
企业资源:
操作规程、维修技术标准、施工技术手册等</td><td>对学生基础要求:
1. 能进行熟练的工作交流与沟通;
2. 能陈述设备工作原理;
3. 能正确使用各种相关工具仪表等;
4. 能快速分析故障原因;
5. 自觉遵守信号工工作规范与劳动纪律;
6. 自觉遵守安全作业要求</td></tr>
<tr><td>学习情境2:集成电路区间设备的安装与调试</td><td>参考学时:14</td></tr>
<tr><td colspan="2">学习目标:
1. 了解由集成电路构成的UM71设备系统;
2. 掌握UM71设备安装与调试;
3. 掌握按照工作规范和相关标准的操作</td></tr>
<tr><td colspan="2">学习内容:
1. 认识闭塞设备、移频自动闭塞设备,设备的整体布局、安装与调试;
2. 认识UM71轨道电路室内室外设备及组成;学习UM71轨道电路室内室外设备调整依据、内容和方法;各设备的技术指标、测试项目及方法、步骤;网络板测试内容;
3. 接近通知与离去表示电路;四显示自动闭塞区段轨道编码电路和各信号点点灯控制电路原理</td></tr>
<tr><td>教学资源:
集成电路区间设备的讲义或教案、多媒体课件、实训指导书、任务工单、系统仿真软件、模型沙盘等
企业资源:
操作规程、维修技术标准、施工技术手册等</td><td>对学生基础要求:
1. 能进行熟练的工作交流与沟通;
2. 能陈述设备工作原理;
3. 能正确使用各种相关工具仪表等;
4. 能快速分析故障原因;
5. 自觉遵守信号工工作规范与劳动纪律;
6. 自觉遵守安全作业要求</td></tr>
<tr><td>学习情境3:集成电路区间设备的操作与维护</td><td>参考学时:14</td></tr>
<tr><td colspan="2">学习目标:
1. 了解闭塞设备、移频自动闭塞设备以及UM71设备的分类和基本原理;
2. 了解自动闭塞区段轨道编码电路和各信号点点灯控制电路原理;
3. 要求掌握按照工作规范和相关标准的操作</td></tr>
<tr><td colspan="2">学习内容:
1. 了解设备的分类和基本原理,设备的整体布局,操作规程与维护方法;
2. 了解UM71轨道电路室内室外设备的组成;UM71轨道电路室内室外设备操作步骤、内容和方法;各设备的技术指标、维护项目及方法、步骤;网络板测试内容;
3. 接近通知与离去表示电路;四显示自动闭塞区段轨道编码电路和各信号点点灯控制电路原理</td></tr>
</table>

续上表

<table>
<tr><td>学习情境3:集成电路区间设备的操作与维护</td><td>参考学时:14</td></tr>
<tr><td>教学资源:
集成电路区间设备的讲义或教案、多媒体课件、实训指导书、任务工单、系统仿真软件、模型沙盘等
企业资源:
操作规程、维修技术标准、施工技术手册等</td><td>对学生基础要求:
1. 能进行熟练的工作交流与沟通;
2. 能陈述设备二作原理;
3. 能正确使用各种相关工具仪表等;
4. 能快速分析故障原因;
5. 自觉遵守信号工工作规范与劳动纪律;
6. 自觉遵守安全作业要求</td></tr>
<tr><td>学习情境4:微处理器区间设备的安装与调试</td><td>参考学时:14</td></tr>
<tr><td colspan="2">学习目标:
1. 了解由微处理器技术构成的 ZPW-2000A 设备系统;
2. 掌握 ZPW-2000A 各设备的安装;
3. 掌握 ZPW-2000A 各设备的指标、测试项目及操作方法;
4. 掌握按照工作规范和相关标准的操作</td></tr>
<tr><td colspan="2">学习内容:
1. ZPW-2000A 各设备的指标、测试项目及安装方法、步骤;
2. 发送器、接收器、衰耗盘、站防雷模拟网络盘的作用及设备调试;设备的电路构成、工作原理、结构特征、端子使用;外连接线分析、电平等级调整、载频设置;面板指示灯、测试孔及测试内容布置;
3. 电气绝缘节的组成及工作原理;上下行线路调谐单元的布置;调谐单元、空心线圈、匹配变压器、补偿电容的结构特征、安装与施工知识</td></tr>
<tr><td>教学资源:
微处理器区间设备的讲义或教案、多媒体课件、实训指导书、任务工单、系统仿真软件、模型沙盘等
企业资源:
操作规程、维修技术标准、施工技术手册等</td><td>对学生基础要求:
1. 能进行熟练的工作交流与沟通;
2. 能陈述设备工作原理;
3. 能正确使用各种相关工具仪表等;
4. 能快速分析故障原因;
5. 自觉遵守信号工工作规范与劳动纪律;
6. 自觉遵守安全作业要求</td></tr>
<tr><td>学习情境5:微处理器区间设备的操作与维护</td><td>参考学时:14</td></tr>
<tr><td colspan="2">学习目标:
1. 认识由微处理器技术构成的 ZPW-2000A 设备系统;
2. 掌握 ZPW-2000A 各设备的操作方法;
3. 掌握 ZPW-2000A 各设备的维护项目及方法;
4. 掌握按照工作规范和相关标准的操作</td></tr>
<tr><td colspan="2">学习内容:
1. ZPW-2000A 各设备的操作方法、操作步骤;
2. 设备的电路构成、工作原理、结构特征、端子使用;外连接线分析、电平等级调整、载频设置;发送器、接收器、衰耗盘、站防雷模拟网络盘的设备维护;面板指示灯、测试孔及测试内容布置;
3. 上下行线路调谐单元的布置;电气绝缘节的组成及工作原理;调谐单元、空心线圈、匹配变压器、补偿电容的结构特征、操作与维护知识</td></tr>
</table>

续上表

学习情境5:微处理器区间设备的操作与维护	参考学时:14
教学资源: 微处理器区间设备的讲义或教案、多媒体课件、实训指导书、任务工单、系统仿真软件、模型沙盘等 企业资源: 操作规程、维修技术标准、施工技术手册等	对学生基础要求: 1. 能进行熟练的工作交流与沟通; 2. 能陈述设备工作原理; 3. 能正确使用各种相关工具仪表等; 4. 能快速分析故障原因; 5. 自觉遵守信号工工作规范与劳动纪律; 6. 自觉遵守安全作业要求

六、课程实施建议

(一)教材与参考资料建议

1. 教材

林瑜筠. 区间信号自动控制[M]. 北京:中国铁道出版社,2007.

2. 参考书

[1]刘利芳. 区间信号自动控制[M]. 北京:科学出版社,2014.

[2]卢其荣. 区间信号自动控制[M]. 北京:中国铁道出版社,1996.

(二)师资条件建议

(1)专任教师:具有高校教师资格证,具有城市轨道管理岗位工作经历,精通城市轨道工程施工相关的基本理论与专业知识,具有较强的教科研能力。

(2)兼职教师:具有2年以上城市轨道建设施工管理及相关岗位工作经历,有丰富的实际工作经验;具有中级以上专业技术职务或在职业技能竞赛中获得过奖励;具有较强的教学组织能力。

(三)实验实训条件建议

本课程对实验实训条件的要求如表4所示。

实验实训条件配置建议 表4

实训室名称	主要设备名称	主要实训项目
城市轨道交通控制实训室	1. 继电式区间设备; 2. 集成电路区间设备; 3. 微处理器区间设备	1. 64D继电设备的故障检测; 2. UM系列轨道电路设备的维护; 3. ZPW-2000A室内外设备安装
多媒体实训室	计算机和模拟控制软件	1. 64D继电半自动闭塞的操作; 2. UM系列轨道电路设备的操作; 3. ZPW-2000A室内外设备操作

(四)教学方法建议

针对具体的教学内容和教学过程,总体采用项目教学法。在具体教学过程中,采用任务引导法、案例法、小组协作学习法等多种方法组织教学，以学生为中心，“做中学、学中做”，让学生人人参与，培养学生的团队协作能力和实践动手能力。

（五）教学评价建议

本课程采用过程考核、综合考核等多元性评价，其中过程考核包括学习态度、课程作业，占课程总成绩的40%；综合考核包括期末考试等，占课程总成绩的60%，全面综合评价学生能力。课程考核要求建议如表5所示。

课程考核表 表5

<table>
<tr><th colspan="2" rowspan="2">考核项目</th><th rowspan="2">考核方式</th><th colspan="2">比例</th></tr>
<tr><th>分项</th><th>总体</th></tr>
<tr><td rowspan="2">过程考核</td><td>学习态度</td><td>根据课堂教学参与情况，课堂回答问题、出勤情况，由教师综合评定学生的学习态度得分</td><td>50%</td><td rowspan="2">40%</td></tr>
<tr><td>课程作业</td><td>根据学生完成课后作业、任务工单的情况由教师来评定成绩</td><td>50%</td></tr>
<tr><td colspan="2">综合考核</td><td>结合期末考试、实践考核等综合评定学生成绩</td><td>100%</td><td>60%</td></tr>
<tr><td colspan="4">合计</td><td>100%</td></tr>
</table>

（课程标准制订人：李小伍）